W0252869

Koji Miyazaki

Polyeder und Kosmos

Spuren einer mehrdimensionalen Welt

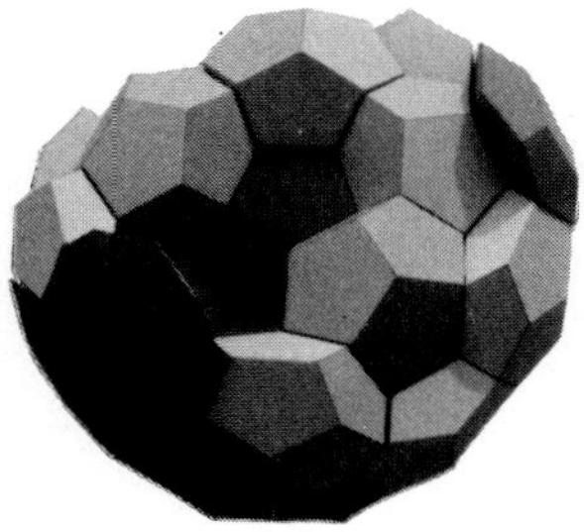

Friedr. Vieweg & Sohn Braunschweig/Wiesbaden

Koji Miyazakis Buch enthält großartige Illustrationen, die energiegeladene Formulierungen und Transformationen, wirksam im umfassenden Koordinatensystem der Natur, ausdrücken. Die Qualität von Miyazakis Zeichnungen und Farben offenbart wieder einmal die Feinheit von Gestaltung und Darstellung des japanischen Künstlers. Die geometrischen Bildvorlagen selbst sind die eines experimentellen Wissenschaftlers und Kenners – sie sind hochinteressant und umfassend.

Buckminster Fuller

Koji Miyazaki hat breites Wissen in der Geschichte und Geometrie symmetrischer Figuren. In geschickter Weise konstruiert er Modelle von ihnen und macht dabei kunstvollen Gebrauch von Farben. Ich bin besonders beeindruckt von seiner Herleitung der „goldenen Isozonoeder" (Keplers Triakontaeder, Fedrovs rhombisches Ikosaeder, Bilinskis „zweites rhombisches Dodekaeder", sowie zwei Arten von Rhomboedern, die alle als Seite den „goldenen Rhombus" mit Diagonalen im Verhältnis $\tau : 1$, wo $\tau = 2 \cos 36^\circ$, haben). Er setzt diese Körper als Blöcke aneinander, Seite an Seite, auf solche Art und Weise, daß sie eine „Honigwabe" (honeycomb) bilden, die unendlich fortgesetzt den ganzen Euklidischen Raum ausfüllt. Eine besonders reizvolle Honigwabe dieser Art hat pentagonale Symmetrie, scheinbar unter Verletzung des berühmten „Kristallographischen Gesetzes".

H. S. M. Coxeter

HSM Coxeter

Herrn Professor Shigeru Maeno, emeritierter Professor für Anglistik an der Universität Kobe – bekannt u.a. als Autor von "A Melville Lexicon" – und Physiker, bin ich zu großem Dank verpflichtet für seine Mitwirkung bei der englischen Übersetzung meines ursprünglich in japanisch verfaßten Buches.

Ich danke auch dem Verlag Friedr. Vieweg & Sohn für die schöne Übertragung unseres englischen Manuskriptes ins Deutsche.

Koji Miyazaki

Inhaltsverzeichnis

Dieses Buch wagt ein bilderreiches Abenteuer durch 2-, 3- und 4-dimensionale phantastische Welten, in denen Polygone (d.h. 2-Polytope), Polyeder (d.h. 3-Polytope) und Polytope (d.h. 4-Polytope) vorherrschen.

Die Erlebnisse erstrecken sich über verschiedene Zeitalter und Länder, einschließlich das alte Japan.

Hauptpersonen sind Plato und die Polygone, Kepler und die Polyeder, sowie Fuller und die Polytope.

Plato im Griechenland des 4. Jahrhunderts v. Chr. war fasziniert von Pythagoras und erklärte – ungeachtet der Einwände des Aristoteles – in seiner Schrift „Timaios", daß der Kosmos mit Polygonen ausgefüllt sei; er übte Einfluß auf Euklid aus usw.

Kepler im Deutschland des 17. Jahrhunderts war ergriffen von Kopernikus und konstruierte – trotz der Nichtbeachtung durch Galilei – in seinem Werk „Harmonices Mundi" ein kosmisches Modell aus Polyedern – und gab damit Newton Anstoß zu seinen Forschungen.

Fuller in den USA von heute war beeindruckt von Einstein und stellte sich – obgleich dies einige Leute befremdete – in seinem Buch „Synergetics" das Universum von Polytopen eingenommen vor; damit amüsierte er Coxeter usw.

Jeder der drei untersuchte, im Brennpunkt der Zivilisation der jeweiligen Zeit, auf ähnliche Weise Macro-, Medio- und Microkosmos eigenständig, ohne Teleskop oder Mikroskop und ohne Beachtung der Empfehlungen anderer.

Schließlich fanden alle drei gleichartig ihren Weg zum Eingang des 4-dimensionalen Raumes, obwohl sie nichts Konkretes über diesen Schauplatz schrieben.

Was für ungewöhnliche Anblicke wird der 4-dimensionale Raum dem Betrachter bieten?

Der Schlüssel hierzu ist: Platos Polygone, Keplers Polyeder und Fullers Polytope.

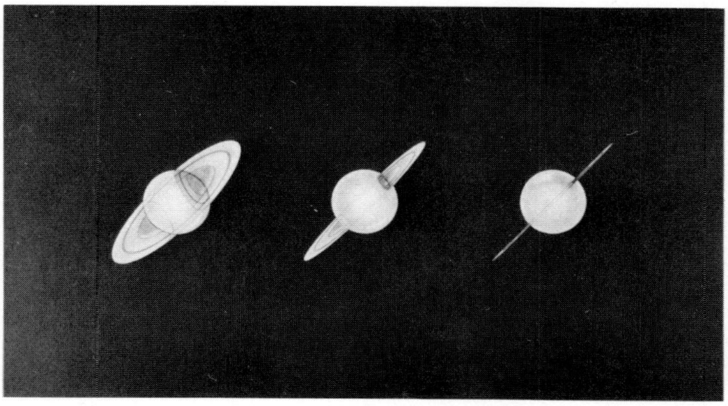

Verschiedene Erscheinungsformen des 4-dimensionalen Saturn

Im 3-dimensionalen Raum z.B. hat ein 3-blättriges Kleeblatt drei dünne Blätter, die sich in einem regelmäßigen Dreieck ausbreiten. Deswegen wird im 4-dimensionalen Raum ein solches Kleeblatt vier dicke Blätter haben, die sich in einem regulären Tetraeder öffnen.

Auf ähnliche Weise hat ein 4-blättriges Kleeblatt im 3-dimensionalen Raum 4 dünne Blätter, die ein Quadrat erschließen, und daher wird ein solches Kleeblatt im 4-dimensionalen Raum 6 oder 8 dicke Blätter haben, die in einen Würfel oder ein reguläres Oktaeder hineinwachsen; diese beiden Körper sind zueinander dual.

Im 3-dimensionalen Raum hat eine Kirschblüte 5 dünne Blütenblätter; sie erblüht in einem regelmäßigen Fünfeck. Daher hat eine Hyper-Kirschblüte im 4-dimensionalen Raum 12 oder 20 dicke Blütenblätter; sie erblüht in einem regulären Dodekaeder oder Ikosaeder; wiederum sind beide Körper zueinander dual.

Der Hyper-Regenbogen, dessen Gestalt nicht halbkreisförmig, sondern halbsphärisch ist, bedeckt einen 4-dimensionalen Blumengarten.

Diamanten in 3-dimensionalen Fundgruben haben oft kubische oder regulär oktaedrische Formen, daher haben sie im 4-dimensionalen Raum die Gestalt des Hyperwürfels oder 16-Zellers.

Sterne im 3-dimensionalen Himmel glitzern als wären sie kleine sternförmige Dodekaeder, daher werden sie im 4-dimensionalen Raum glitzern, als wären sie kleine sternförmige 120-Zeller.

Die Quintessenz ist also, daß Polygone, Polyeder und Polytope wirksame Hilfsmittel oder „Hieroglyphen" sind, um Makro-, Medio- und Mikrowelten sowie mehrdimensionale Welten zu erforschen und zu beschreiben, wobei man nicht auf ein Teleskop oder Mikroskop oder Ratschläge von anderen angewiesen ist.

1
Punkt, Kreis und Himmel
Legende von Pythagoras

Alles Geschehen wurzelt in dem Urknall **eines** Punktes. Pythagoras sah den Punkt als kreisförmig an, so vollkommen wie die Sonne, und er dachte, der Kosmos habe eine geregelte Anordnung aus solch gleich großen Kreisen.

Der Kreis, japanisch „EN", steht in enger Beziehung zu dem Punkt, japanisch „TEN", sowie zum Himmel, japanisch ebenfalls „TEN".

Nach Pythagoras ist eine Linie durch **zwei** Punkte — oder zwei Kreise — bestimmt, eine Ebene durch **drei** und ein Körper durch **vier** Punkte (vgl. Bild [1]). Das ist alles. Insgesamt ergibt das genau die Zahl „TEN" (Zehn).

Pythagoras nannte das Gebilde zehn solcher Kreise in der Form eines gleichseitigen Dreiecks in einer Ebene (Bild [2]) „Tetraktys" *), eine vierstufige Figur, und stellte so den Makrokosmos dar. Aus diesem Grund verglichen die mittelalterlichen Theologen die Natur, den Makrokosmos mit der Zahl Zehn, die Menschen, den Mikrokosmos mit der Zahl Fünf.

In „Harmonices Mundi" sagt der Astronom Kepler, daß unter den Kreisanordnungen in Form eines gleichseitigen Dreiecks die Tetraktys die erste Figur mit einem Herzen im Mittelpunkt sei und sie damit lebendig sei.

Wenn das so ist, wo wird dann das menschliche Leben, der Mikrokosmos, durch die Zahl Fünf symbolisiert? Die Natur ist nicht so einfach strukturiert, als daß wir sie derart ordnen könnten wie durch diese Zahlen Fünf oder Zehn.

Phythagoras, der sich der Inkonsistenz bewußt war, konstruierte zusätzlich zu der auf einem Dreieck basierenden Zahl auch Quadrat-, Fünfeck- und andere Polygonalzahlen (Vieleckzahlen) in der Art der Tetraktys (vgl. Bild [3]); so versuchte er, verschiedene natürliche Phänomene jeweils in einem durch Kreise vereinigten Feld zu erfassen.

Solch eine Sichtweise, deren Ursprung und Ende Kreise sind, übertraf eine andere Denkweise, deren Hauptidee gerade Linien sind, die bis ins unberechenbar Unendliche reichen, und schloß sich dem geozentrischen System Platos, Aristoteles', Ptolemäus', Dantes usw. an.

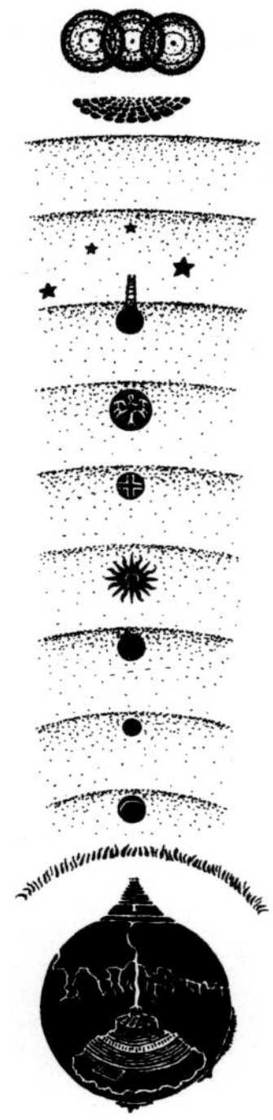

Dantes Kosmos in der „Divina Commedia". Von unten nach oben, Erde, Mond, Merkur, Venus, Sonne, Mars, Jupiter, Saturn und die Fixsterne. Die oberen drei gleichgroßen Kreise sind die Göttliche Dreiheit.

*) griech. Vierheit. Inbegriff der vier ersten Zahlen, deren Summe die heilige Zahl Zehn ist (Anm. d. Red.).

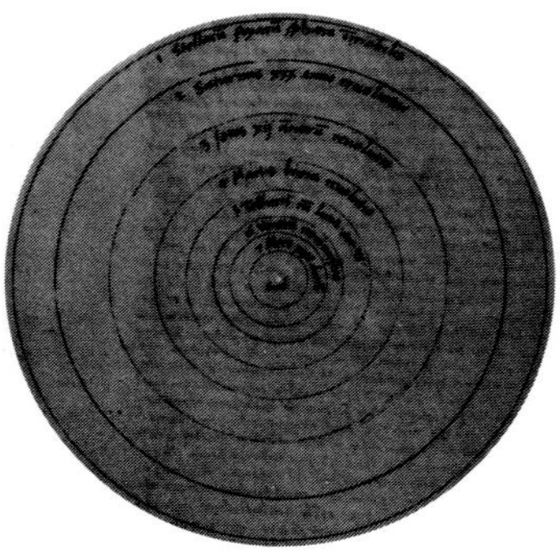

Kopernikanisches heliozentrisches System. In der Mitte die Sonne und außen die kreisförmigen Umlaufbahnen des Merkur, der Venus, der Erde, des Mars, Jupiter, Saturn und der Fixsterne. Aus Kopernikus' "De revolutionibus orbium coelestrium".

Dante, der im Jahr 1300 seine Jenseitswanderung begann, blickte in der „Divina Commedia" hinauf auf drei gleich große Kreise, die Trinität, in der Ruhe jenseits des kreisförmigen Saturn, der sich in einer kreisförmigen Bahn bewegte.

Etwa zwei Jahrhunderte später vertrat Kopernikus die heliozentrische Theorie. Nichtsdestoweniger herrschte nach wie vor die Pythagoreische Sichtweise von den kreisförmigen Planetenbahnen.

Sogar bis hin zu Keplers Entdeckung der elliptischen Planetenbahnen hielt sich Pythagoras' Dogma der Kreise. Im Innersten seines Herzens aber glaubte Kepler an das Pythagoreische Weltbild, und gelegentlich wird sogar behauptet, er habe die elliptischen Umlaufbahnen aus versehen entdeckt.

Galilei, ein Zeitgenosse Keplers, brachte kein rechtes Interesse für Kepler auf. Er ignorierte auch die elliptischen Planetenbahnen und vertrat das heliozentrische Weltbild dementsprechend in Anlehnung an die Pythagoreischen Kreise („Dialog").

Obwohl die Gedanken Pythagoras' so einflußreich waren, blieben einige ungelöste Probleme rätselhaft im Nebel der Vergangenheit verborgen.

Zum Beispiel, welche Rolle spielen jene Lücken zwischen den kreisförmigen Scheiben der Tetraktys in dem gänzlich ausgefüllten Kosmos?

Heutzutage nennen Geometer eine Anordnung von Kreisen in der Ebene **Kreispackung**, oder Packung durch Kreise, wenn jeder Kreis mindestens drei andere berührt. Dagegen sprechen sie von einer **Überdeckung** der Ebene durch Kreise, wenn die Kreise einander überlappen, so daß die gesamte Fläche **lückenlos** bedeckt ist.

Ein großes Problem ist, die Zwischenräume bei einer Packung, ebenso die Überlappungen bei einer Überdeckung, so klein wie möglich zu halten.

Für den Fall gleichgroßer Kreise sind die Tetraktys als Packung und die Kreisschichtung in Bild **4** als Überdeckung die besten Lösungen.

Das aus insgesamt elf Figuren bestehende Bild **5** zeigt einige besonders typische Beispiele von Packungen. Auch Polygonalzahlen sind einbegriffen. Man kann diese gleichsam als „molekulare Strukturen" in dem durch Geometrie und Zahl bestimmten Kosmos des Pythagoras sehen.

Solche Kreise stoßen mit Linien zusammen und in dieser Verbindung entstehen regelmäßige Polygone (Vielecke). Daher nennt man die elf Grundmuster aus regelmäßigen Polygonen in Bild **6**, die allesamt aus dem Verbinden der Kreismittelpunkte (Bild **5**) miteinander entstanden sind, die **Pythagoreischen Mosaike**.

Jede der **drei** Figuren in der obersten Reihe bezeichnet man als ein **regelmäßiges Mosaik**, da jeweils nur gleichgeartete regelmäßige Polygone gleichermaßen um jeden Scheitelpunkt angeordnet sind;

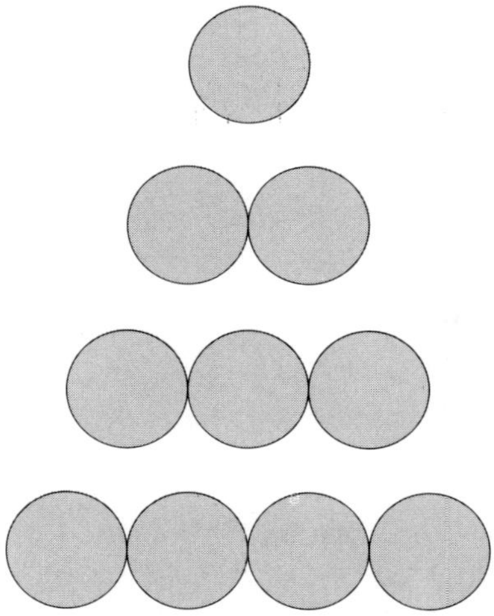

1

Grundlegende Konstruktion des Kosmos durch Pythagoras von oben nach unten: Punkt, Linie, Ebene und (3-dimensionaler) Körper — dargestellt jeweils durch gleich große Kreise.

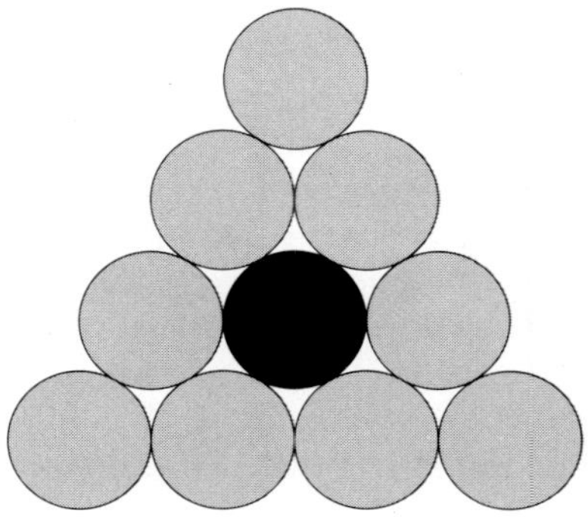

2

Tetraktys mit Herz

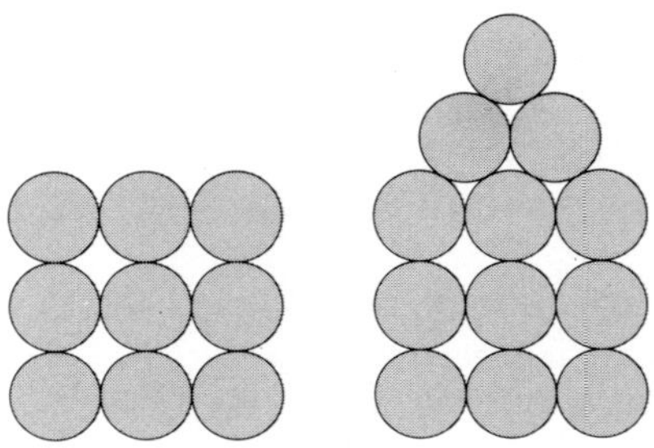

3

Quadratzahl (links) und Pentagonalzahl

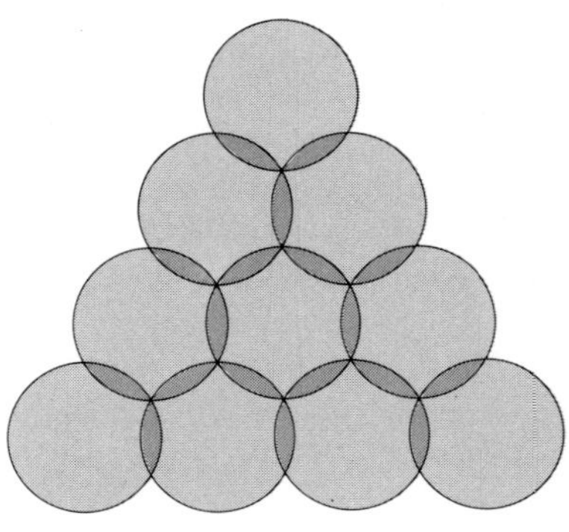

4

Überdeckung einer Ebene durch Kreise mit kleinstmöglichen Überlappungen.

Wabenförmiges Stalaktitengewölbe und Arabesken, Alhambra.

jede der anderen acht Figuren, in denen mindestens zwei Arten von regelmäßigen Polygonen gleichermaßen um jeden Scheitelpunkt angeordnet sind, heißt halbregelmäßiges Mosaik.

Pythagoreische Mosaike sind auf dem gesamten Gebiet der Gestaltung in Kunst und Natur zu finden.

Typische Beispiele sind die Arabesken, die islamische Moscheen in der Art von Honigwaben schmücken, und die natürlichen Honigwaben, die in „Tausendundeine Nacht" derart bewundert werden, daß man sie sogar als interessantes Studienobjekt für Euklid betrachtet.

Im 7. Jahrhundert erblühte plötzlich in einem bis dahin unterentwickelten Teil der Erde die großartige islamische Kultur, wohingegen das mittelalterliche Europa noch in einem Tiefschlaf geistiger Unproduktivität zu verharren schien und von himmlischen Regionen träumte, in denen Pythagoras gleichsam als Gott lebte.

Der nächtliche Himmel nach dem Untergang der glühenden Sonne bot sich den Arabern als wunderbares, von Sternen funkelndes Spektakel des Paradieses dar. „Die Sterne leiten alles" („Koran").

Die Araber konnten nicht so untätig bleiben wie die Europäer, da sie – im Gegensatz zu jenen – die zentrale Stellung innerhalb der westlichen Zivilisation innehatten, insofern sie einerseits die geheiligte Geometrie der alten Griechen, andererseits die elementare Algebra des alten Indiens einführten.

Natürlich wurde der auf Geometrie und auf ganzen Zahlen beruhende Pythagoreische Kosmos für diese Islamiten zum religiösen Gegenstand, und Arabesken aus Pythagoreischen Mosaiken waren für sie von einem so unschätzbaren Wert, daß nicht-geometrische, tierische Motive verboten wurden.

K. Critchlow, ein moderner Moscheenforscher, zeigt anhand von Arabesken aus allen Pythagoreischen Mosaiken, daß die Tetraktys darunter häufig vertreten ist und schließt daher auf den Pythagoreischen Kosmos, wie man an den hellblauen Kreisen (Bild ❶ rechts oben) sieht.

Arabesken überdecken die Gewölbe der Moscheenkuppeln in brillanter Art und Weise und verkörpern so den sternenerfüllten Himmel. Daher behauptet Coxeter, daß der erste Forscher, der alle sphärischen Pythagoreischen Mosaike untersucht hat, ein Araber aus dem 10. Jahrhundert gewesen sei.

Pythagoreische sphärische Mosaike erscheinen auch in farbenfrohen Motiven eines japanischen Kunstwerks, eines **Temari**, was soviel bedeutet wie kreisförmiger oder gewölbter Gegenstand, überliefert ungefähr aus der Zeit, als der Islam sich in Arabien verbreitete. Es gibt eine Temari-förmige Rauchvase in der Shosoin-Schatzkammer, Nara, Japan, die möglicherweise im 8. Jahrhundert aus Arabien eingeführt worden ist. Sie hat ein durchbrochenes Arabeskenmuster mit zwölf sphärischen Fünfecken.

Zu der Zeit wurde ein Temari manchmal als ein Gottesbild verehrt.

Bild ❷ zeigt von einer Kunsthandwerkerin angefertigte Temaris. Die meisten von ihnen werden mit einem der drei regelmäßigen polygonalen Muster (Bild ❸) geschmückt, die durch Fäden bestimmt sind, welche Großkreise sind und sich somit nicht verschieben.

5 ▶

3 regelmäßige (oberste Reihe) und 8 halbregelmäßige Kreispackungen

6 ▶

3 regelmäßige (oberste Reihe) und 8 halbregelmäßige Mosaike

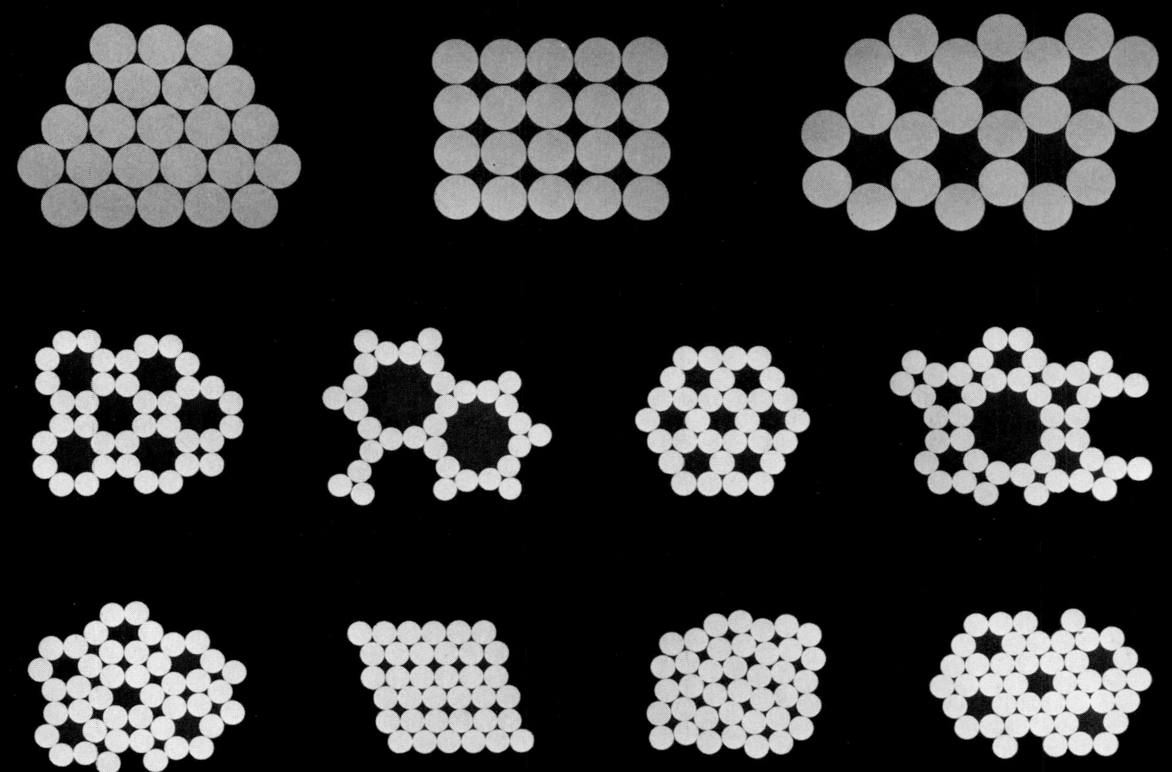

Kupferrauchvase, eine Durchbrucharbeit aus zwei sphärischen pentagonalen Einheiten. Shosoin-Schatzkammer-Haus, Nara, Japan, 8. Jahrhundert.

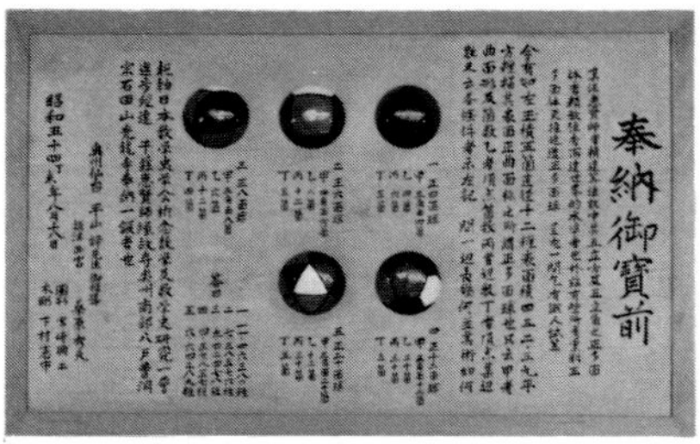

Mathematische Aufgabe und ihre Lösung auf einer traditionellen japanischen Votivtafel, ein Sangaku. In der Aufgabenstellung ist nach der Kantenlänge eines sphärischen regulären Polyeders bei gegebenem Durchmesser gefragt. Ein Geschenk von Hideo Kuwabara an den Koryuji-Tempel, Hachinohe, Aomori aus dem Jahre 1979, zum Gedenken an Shinpo Eken.

Diese drei Muster entstehen durch gleichmäßige Zerlegung mit Hilfe von Großkreisen, wobei das mittlere mit 24 kongruenten sphärischen Dreiecken von modernen Temari-Kunsthandwerkerinnen als eine Sechsergemeinschaft (T_6) bezeichnet wird, das linke mit 48 kongruenten sphärischen Dreiecken als Achtergemeinschaft (T_8) und das rechte mit 120 Dreiecken als Zehnergemeinschaft (T_{10}) – auf Grund der Teilungszahlen, obwohl zur Erlangung von T_{10} eine kleine heimliche Anpassung gemäß einer Art Formel notwendig ist, die auf einen modernen Geometer und Temari-Liebhaber zurückgeht.

Die Temari-Figuren bringen letzten Endes sphärische Vieleck-Mosaike auf einer Kugel hervor. Somit prophezeien sie eine Welt der Polyeder (Vielflächner), die – im Gegensatz zu Polygonen (Vielecken) – neue Perspektiven der Natur und des Universums aufzeigen.

Wenn die sphärischen Polygone in den sphärischen Mosaiken durch ebenflächige Polygone ersetzt werden, erhält man die bekannten konvexen Polyeder, wobei jeweils zwei Flächen eine Kante bilden, die sich – unabhängig von ihrer Ausdehnung – mit keiner Fläche kreuzt.

Die allgemein bekanntesten konvexen Polyeder sind Prismen und Pyramiden; die erhabensten sind die regelmäßigen, die **regulären Polyeder**. Reguläre Polyeder sind konvexe Polyeder mit nur einer Art regelmäßiger Polygone, die jeweils gleichermaßen um jede Ecke angeordnet sind.

Wie Bild ❹ zeigt, gibt es ausschließlich **fünf** reguläre Polyeder. In der Mitte sehen wir das Tetrader mit vier gleichseitigen Dreiecken, von denen jeweils drei in einer Ecke zusammentreffen; links davon das Hexaeder, den Würfel, mit sechs Quadraten, von denen jeweils drei in einer Ecke zusammentreffen; links außen das Oktaeder mit acht gleichseitigen Dreiecken, von denen jeweils vier in einer Ecke zusammentreffen. Als zweites von rechts sehen wir das Dodekaeder mit zwölf regelmäßigen Fünfecken, von denen jeweils drei in einer Ecke zusammentreffen; rechts außen das Ikosaeder mit zwanzig gleichseitigen Dreiecken, von denen jeweils fünf in einer Ecke zusammentreffen.

Jeder dieser Körper besitzt eine umbeschriebene Kugel, die jede Ecke berührt, eine intersphärische Kugel, auf der alle Kantenmitten liegen, und eine einbeschriebene Kugel, auf der alle Flächenmittelpunkte liegen. Die Mittelpunkte all dieser Kugeln fallen mit dem Mittelpunkt des Körpers zusammen.

Auf diese Weise sind reguläre Polyeder so eng mit Kugeln verwandt, daß regelmäßig polyedrische Kugeln (Bild ❸) entstanden sind; so entsteht T_6, wenn ein Tetraeder vom Körpermittelpunkt aus auf die umbeschriebene Kugel projiziert wird und alle Kanten durch Großkreise ersetzt werden. Genauso verhält sich T_8 zum Würfel und zum Oktaeder, sowie T_{10} zum Dodekaeder und zum Ikosaeder.

Umgekehrt kann es zu regelmäßig polygonen Schattenbildungen kommen, wenn der jeweilige Körper durch parallele Strahlen – die Sonnenstrahlen – auf eine geeignete Ebene projiziert wird (Bild ❺).

Von daher führt Critchlow aus, daß die Schatten der regulären Polyeder als Gottes Gestalt in den regelmäßigen Polygonen der Arabesken verborgen sind. Bild ❻ stellt einige neue Arabesken vor, die die Schatten der regulären Polyeder aufweisen.

Felix Klein, ein moderner Mathematiker, entwickelte die Auffassung, daß jede Formenschönheit in Kunst und Natur, die eine Rotationssymmetrie besitzt, einer der Formenschönheiten eines regelmäßigen n-seitigen Prismas C_n, einer regelmäßigen n-seitigen Pyramide D_n, eines Tetraeders T, eines Oktaeders oder Würfels O, eines Ikosaeders oder Dodekaeders I entspricht, je nach ihrer Symmetrie bei Drehung.

Regelmäßige sechseckige Schneeflocken und regelmäßige fünfeckige Kirschblüten sind von gleicher wirklicher und allgemeiner Schönheit wie eine sechsseitige Pyramide bzw. ein fünfseitiges Prisma.

Was die Temaris in Bild ❷ betrifft – ihre Farben läßt man unberücksichtigt – so besitzen die 4 der oberen mittleren Gruppe, die 17 der Gruppe rechts bzw. die 49 der Gruppe rechts außen, die vollendete und ausgesprochene Schönheit von T, O bzw. I. Die Gruppe ganz links und die zweite Gruppe von links gehören zu C_n bzw. D_n.

Einige bekannte japanische Mathematiker (Wasan-ka) waren sich ebenfalls der mystischen Schönheit der regulären Polyeder, besonders des Dodekaeders und Ikosaeders, bewußt.

Ein Priester und Wasan-ka namens Eken Shinpo aus Hachinohe im Norden Japans war zu Beginn des 18. Jahrhunderts stolz, selbst das Dodekaeder sowie Ikosaeder entdeckt zu haben. Er sagte: Beide sind von außergewöhnlicher Gestalt und wären daher geeignet für die Gestaltung von Räuchervasen, Zauberkästen, Nähkästen usw., und besonders die Form des regulären Dodekaeders eignet sich zur Wahrsagerei mit Hilfe der zwölf japanischen Tierkreise: Ratte, Büffel, Tiger, Hase, Drache, Schlange, Hengst, Ziegenbock, Affe, Hahn, Hund, Eber. Und damit hoffte er bekannt zu werden.

Andererseits behauptete ein Wasan-ka und mächtiger Mann namens Yoriyuki Arima, Zeitgenosse Ekens und ansässig in Kurume im Süden Japans, daß beide Körper weitgehend bekannt seien, so daß es ihn nicht wundern würde, wenn sie jemand verwendete.

Zur Zeit der alten Griechen kannte Pythagoras bereits reguläre Polyeder, nämlich in Verbindung mit seinen regelmäßigen Mosaiken.

Jedoch wies er seine Schüler an, die Existenz des Dodekaeders geheimzuhalten, und zwar wegen des mysteriösen Merkmals der Konstruktion aus ausschließlich regelmäßigen Fünfecken, was nicht einmal in seinen Mosaiken vorkam.

Hippasus, der dennoch das Geheimnis lüftete, wurde von Gott gestraft und ertrank im Mittelmeer.

Regelmäßig 24-eckiges Buntglas. Angers-Kathedrale, Frankreich. Die zwölf Sektionen der oberen Hälfte zeigen den Tierkreis.

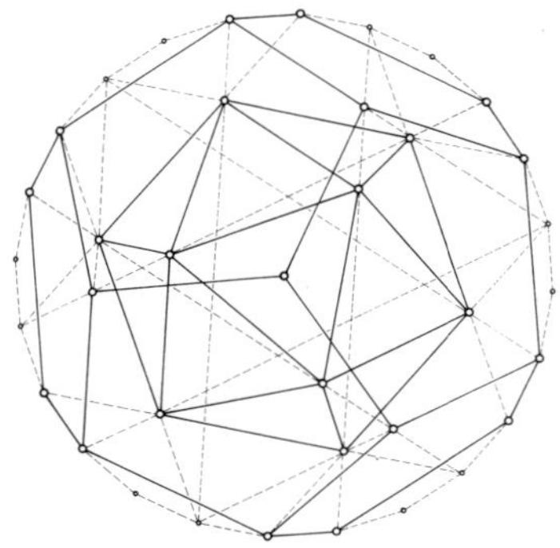

Projektionen eines regelmässigen Dodekaeders und Ikosaeders in ein regelmäßiges 24-Eck. Nach Keith Critchlow.

2
Stoicheia
Geometrie von Plato

Amon Ra als Heiliger Geist der vier Elemente. Altes Ägypten, gemäß Champollion.

Der Ursprung wahrer Schönheit ist das Lineal und der Zirkel.

Diese Auffassung vertritt Plato in „Philebos" um die Zeit des 4. Jahrhunderts v. Chr. in Athen auf der Grundlage der Pythagoreischen Lehre der Kreisformen und regelmäßigen Polygone.

Zwei Sorten von Dreieckslinealen zeigen die Kombinationsmöglichkeit zwei verschiedener Arten von rechtwinkligen Dreiecken: das gleichschenklig rechtwinklige Dreieck mit zwei 45°-Basiswinkeln und das schiefe rechtwinklige Dreieck mit den Basiswinkeln 30° und 60°.

Diese beiden Dreieckstypen, **Stoicheia,** sind Platos Grundelemente, die höher bewertet wurden als der Punkt oder der Kreis und die als überall im damaligen Kosmos verstreut angenommen wurden wie Fragmente eines vergangenen Universums.

Wie Bild ❼ zeigt, bilden sechs schiefe Stoicheia ein gleichseitiges Dreieck und acht gleichschenklige ein Quadrat.

Alle regelmäßigen Pythagoreischen Mosaike können von diesen Stoicheia abgeleitet werden.

Jedoch überdecken die regelmäßigen Mosaike nur 2-dimensionale Ebenen und sind daher ungeeignet für den 3-dimensionalen kosmischen Raum.

Die Frage ist: Welche ausschließlich aus den Stoicheia konstruierten und mit Lineal und Zirkel gezeichneten Formen eignen sich für echte 3-dimensionale schöne Körper?

Natürlicherweise maß Plato den vier regulären Polyedern – abgesehen von dem durch Pythagoras geheimgehaltenen Dodekaeder – ein größeres Maß an Schönheit bei als der Venus von Milo, die keine wahrhaftige, absolute, sondern eine relative Schönheit im Vergleich zu anderen Skulpturen besitzt.

In dem Dialog „Timaios" beschreibt Plato ausführlich die vier **Elemente** Erde, Wasser, Feuer, Luft als Gestaltungen in der Form dieser vier regulären Polyeder. Und da er die Strafe Gottes nicht fürchtete, stellte er sich den äußeren Abschluß des Kosmos in Gestalt des noch verbleibenden Dodekaeders vor. Seitdem heißen reguläre Polyeder **Platonische Körper**.

Timaios ein (Astronom der Pythagoreischen Schule), berücksichtigte, daß die vier Elemente aus den Stoicheia bestünden; dennoch seien sie zu klein, um sie erkennen zu können.

Das Feuer ist das kleinste, spitzeste und leichteste unter den Elementen, da es leicht übergreifen und alles zerstören kann. Man kann sich vorstellen, daß das Feuer die Gestalt des aus vier gleichseitigen Dreiecken bzw. 24 schiefen Stoicheia (T_6) bestehenden regulären Tetraeders erhalten hat, denn es ist das kleinste und spitzeste der regulären Polyeder – hervorgegangen aus gleichartigen Stoicheia.

Dagegen ist das Wasser das größte, glatteste und schwerste Element, da es in ständig weichem Fluß auf dem Erdengrund begriffen ist. Folglich hat man ihm die Gestalt des regulären Ikosaeders mit seinen zwanzig gleichseitigen Dreiecken oder 120 schiefen Stoicheia (T_{10}) – groß und geschmeidig – gegeben.

Die Luft, der Dampf, steht zwischen Feuer und Wasser. Insofern wählte man die Formation des regulären Oktaeders aus acht gleichseitigen Dreiecken oder 48 schiefen Stoicheia (T_8), dessen Flächen denen der Körper von Feuer und Wasser gleichen, wobei sie zahlenmäßig zwischen beiden angesiedelt sind.

Feuer, Wasser und Luft können gegenseitig ineinander umgewandelt werden: wenn Wasser durch Feuer erhitzt wird, entsteht Luft und wenn Luft unter freiem Himmel Feuer entfacht, entsteht Wasser in Form von Regen oder Schnee, denn ihre Zusammensetzung beruht ausschließlich aus Flächen gleichartiger Stoicheia. Wenn z.B. ein Element Feuer mit 24 Stoicheia und zwei Elemente Luft mit insgesamt 96 Stoicheia im Freien zerteilt werden, schwirren 120 Stoicheia herum, die dann ein Element Wasser mit genau 120 Stoicheia bilden. Anders gesagt, die Summenformel für Wasser müßte demnach nicht „H_2O", sondern „$Luft_2Feuer$" heißen.

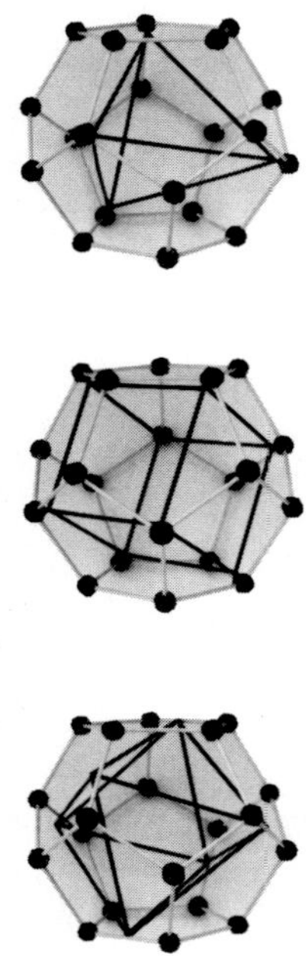

Reguläre Polyeder, die in ein Dodekaeder einbeschrieben sind. Von oben nach unten, ein Tetraeder und ein Würfel, deren Ecken mit denen des Dodekaeders zusammenfallen, und ein Oktaeder, dessen Ecken den Kantenmittelpunkten des Dodekaeders entsprechen. Ein Ikosaeder wird so einbeschrieben, daß die Ecken auf die Flächenmittelpunkte des Dodekaeders treffen.

❶▶

Arabesken, entstanden aus halbkreisförmigen Mosaiken, nach Keith Critchlow. Die Tetraktys wird durch die hellblauen Kreise angedeutet (obere Reihe, rechts außen).

❷▶

Temaris von Kiyoko Urata. Die Gruppen zeigen von links nach rechts: zyklische, auf zwei Flächen bezogene, tetraedrische, oktaedrische und ikosaedrische Symmetrie.

❶

❷

❸

❹

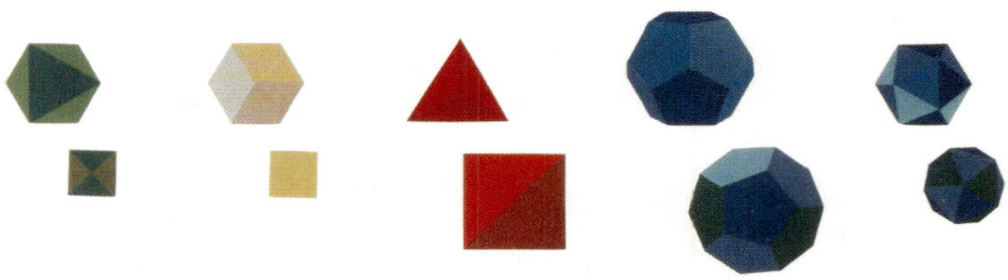

❺

❻

Netz eines regelmäßigen Dodekaeders mit den Tierkreiszeichen.

◀❸ Grundmuster der Temaris. Von links nach rechts, Achtergemeinschaft T_8, Sechsergemeinschaft T_6, Zehnergemeinschaft T_{10}.

◀❹ Reguläre Polyeder. Von links nach rechts, Oktaeder, Würfel, Tetraeder, Dodekaeder und Ikosaeder.

◀❺ Regelmäßige polygonale Schatten regulärer Polyeder. Von links nach rechts jeweils zwei Schatten eines Oktaeders, Würfels, Tetraeders, Dodekaeders und Ikosaeders.

◀❻ Arabeskengrundformen mit regelmäßigen polygonalen Schatten regulärer Polyeder.

Das verbleibende Element Erde ist so einsam wie ein Stein und so unbeweglich wie ein Berg, da ihm allein die stabile, beständige Form des Würfels aus sechs Quadraten oder 48 gleichschenkligen Stoicheia wie T_8 eigen ist.

Stoicheia sind schmale Polygone, die manchmal auch verzerrt oder beschädigt sind (vgl. Bild ❽). Timaios behauptete daher, daß die Unterschiede zwischen verschiedenen Stoffen aus solchen Verletzungen entstanden seien.

Branntwein und auch Öl sind Gemische aus Feuer und Wasser; und der Pfeffer hat eine Menge Feuer in sich.

Auch der menschliche Körper ist aus diesen Elementen zusammengesetzt und wenn jemand einen ungewöhnlich hohen Anteil Feuer in Form von roten Blutkörperchen besitzt, bekommt er Fieber und Kopfschmerzen, weil das überflüssige spitze Feuer sein Hirn sticht und beeinträchtigt. Zur Bekämpfung der Hitze benutzt man deshalb einen Eisbeutel mit dem Erfolg, daß die umfangreichere Masse des Elements Wasser die spezifisch geringere Masse des Feuers aus dem Körper verdrängt.

Gewinnt das Wasser allerdings Überhand, neigt man möglicherweise zu Durchfall.

Es ist schrecklich, wenn zu viel Erde im Körper ist, denn sie ist recht bindend, führt den Tod herbei und läßt den Menschen wieder zu Erde werden.

Jemand, der übermäßig viele Feueranteile in sich trägt, obwohl er nicht krank ist, ist ein heißblütiger Mensch, wohingegen jemand, der generell zu viele Wasseranteile besitzt, ein kaltherziger Mensch ist. Ein Vagabund ist erfüllt mit dem Element Erde.

Auf dieselbe Weise ist der Kosmos vollständig angefüllt mit Stoicheia und hohlen regulären Polyedern.

Nichtsdestoweniger ist das geheimnisumworbenste von ihnen, das Dodekaeder, im Kosmos nicht auszumachen.

Es gilt als sicher, daß diese Tatsache Plato beunruhigte und daß er, wie jedermann, sehnlich den unergründlichen, gestirnten Himmel betrachtete. In diesem Moment begriff er, daß die äußere Schale des Kosmos, das natürliche Behältnis für die vier Elemente die Gestalt eines regulären Dodekaeders haben muß, in dessen Innenraum die verschiedenen Himmelskörper ihren Platz haben.

Im „Timaios" spricht Plato lediglich von dem „verbleibenden Körper" und nicht von „einem regelmäßigen Dodekaeder"; wahrscheinlich fürchtete er die Strafe Gottes doch ein wenig.

Roger Bacon, ein Philosoph des Mittelalters bestätigt Platos Auffassung mit der Begründung, daß die vier anderen regulären Polyeder ohne Schwierigkeit einem regulären Dodekaeder einbeschrieben werden können, und zwar, indem man die Ecken der ersteren mit den Ecken des Dodekaeders zur Deckung bringt, oder mit Kantenmitten oder Flächenmittelpunkten.

Kepler war auch davon angetan, daß der Tierkreis in zwölf Tierkreiszeichen geteilt ist, da eben der Kosmos die äußere Struktur eines regelmäßigen Zwölfflächners, des Dodekaeders, aufweist („Harmonices Mundi").

Wo ist der Zusammenhang – so könnte sich die Frage stellen – zwischen den japanischen zwölf Tierkreiszeichen und Keplers Eingebung?

Der Kosmos als reguläres Dodekaeder wird auch von Sokrates – kurz bevor er das Gift trank – beschrieben: er sähe von außen aus wie ein in leuchtenden Farben angemalter Ball oder Temari („Phaidon").

Bild ❽ stellt den Platonischen Kosmos als Temari im bunten Treiben zwischen den Stoicheia dar. Seine Oberfläche ist mit Seilen ausgestattet, die jedes der regelmäßigen Fünfecke in besondere Stoicheia-gemäße Dreiecke teilen. Pentagramme, die bekannnten Figuren der Pythagoreischen Schule sind ebenfalls dabei. Man erhält dieses Muster, wenn sich alle Grundformen, T_6, T_8 und T_{10}, der genannten vier Elemente überschneiden. Mit anderen Worten, das Bild symbolisiert Schönheit inmitten von Schönheiten, die uns hinführt zur Gestalt des Kosmos.

Die vier Farben weiß, schwarz, rot und gelb waren die wichtigsten im antiken Griechenland, da sie sich damals leicht herstellen ließen.

Die die Erde umgebende Atmosphäre war dementsprechend nicht blau.

Ein regelmäßiger dodekaedrischer Würfel mit den japanischen Tierkreiszeichen. Ein Kunsterzeugnis von Takayama, Gifu.

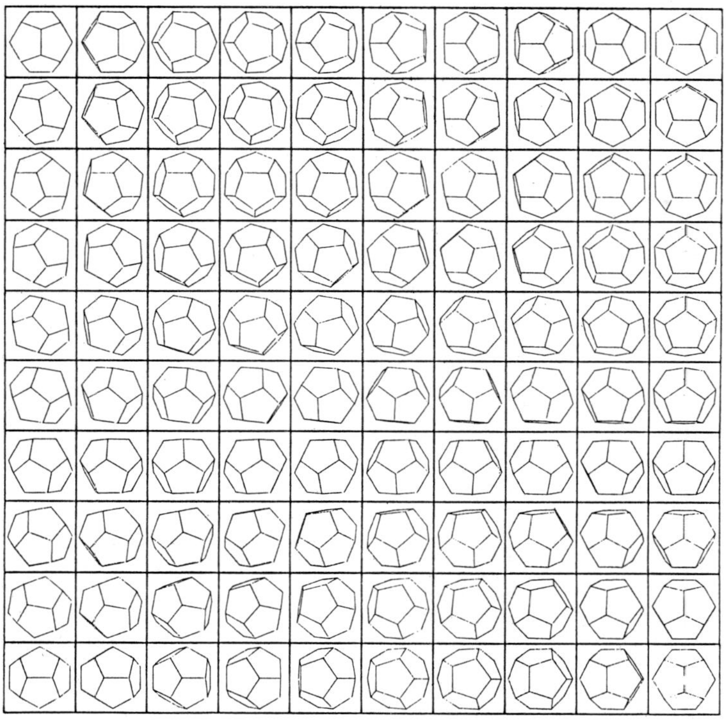

Verschiedene Projektionen eines Dodekaeders. Computergraphiken von Taro Tajima und Kunio Kondo. Wenn man das ganze Bild mit nähernden Augen ansieht, ergibt sich ein stereographischer Effekt.

❼▸
Stoicheia

❽▸
Platos Kosmos als Temari inmitten verstreuter Stoicheia

9

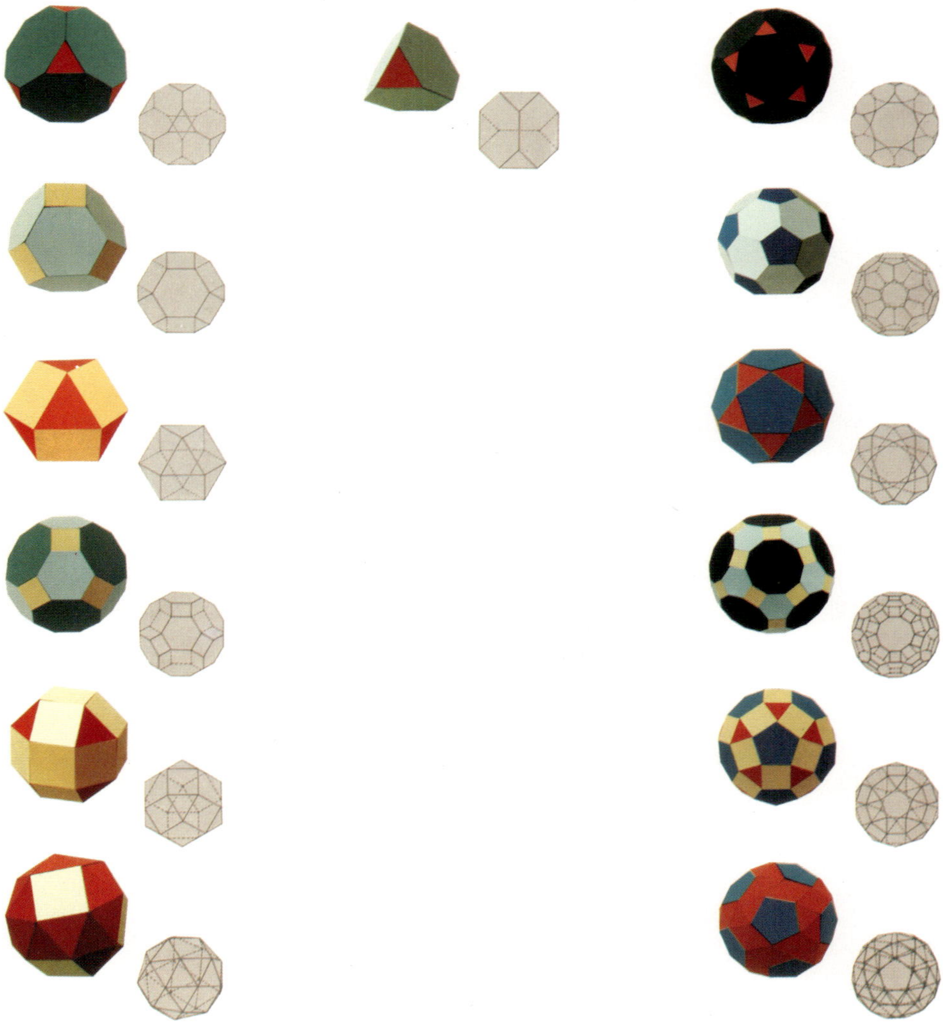

10

11

3
Antimaterie, Antikosmos Elemente von Aristoteles

Regelmäßige tetraedrische Wasser-Kastanien, die der Legende nach einem traditionellen japanischen Spion namens Ninjya als besondere, auf dem Boden verstreute Pfeile gedient haben, um mit ihren Spitzen die Fußsohlen seiner Verfolger zu verletzen.

◀9
Dualität regulärer Polyeder. Von links nach rechts, Würfel und Oktaeder, zwei Tetraeder und Dodekaeder mit Ikosaedern.

◀10
Archimedische Körper und ihre regelmäßigen polygonalen Schatten. Die Figur in der Mitte ist ein gestutztes Tetraeder. Diejenigen in der linken Reihe repräsentieren die Würfelfamilie: von oben nach unten, ein gestutzter Würfel, ein gestutztes Oktaeder, ein Kuboktaeder, ein gestutztes Kuboktaeder (großes Rhombikuboktaeder), Rhombikuboktaeder (kleines Rhombikuboktaeder) und abgestumpfter Würfel. Die Figuren der rechten Reihe repräsentieren die Dodekaederfamilie: von oben nach unten, ein gestutztes Dodekaeder, ein gestutztes Ikosaeder, ein Ikosidodekaeder, ein gestutztes Ikosidodekaeder (großes Rhombikosidodekaeder), Rhombikosidodekaeder (kleines Rhombikosidodekaeder) und ein abgestumpftes Dodekaeder.

◀11
Japanische Keksdose in der Gestalt eines Rhombikuboktaeders (links) und das Pseudo-Rhombikuboktaeder als verdrehte Erscheinung des ersten.

Nach Plato setzt sich der gesamte Kosmos aus regulären Polygonen und Polyedern zusammen.

Skeptiker, u.a. Ärzte und Biologen, die Platos etwas heikle Auffassung über die polyedrische Natur des Kosmos bezweifeln: Als ob rote Tetraeder in unser Blut eindringen und unseren Körper verwunden könnten.

Der größe Schüler Platos, Aristoteles – Sohn eines Arztes – befaßte sich auch mit dieser Lehre von der Natur und konnte die Ideen seines hochgeachteten Lehrers nicht akzeptieren. Da er unzufrieden war, nicht sagen zu können, was er wollte – der Legende nach war er nicht sehr schnell mit der Zunge – veröffentlichte er nach dem Tod seines Lehrers – ein für ihn günstiger Schicksalsschlag – seine Schrift über Astronomie, „De Caelo", die im Widerspruch zum „Timaios" stand.

In dieser Schrift erklärt er in Übereinstimmung mit Platos Ideen, daß die grundlegenden Figuren Kreis und Gerade seien, daß es vier Elemente gäbe, und daß all dies auf das Wirken eines Schöpfers zurückzuführen sei. Gegen Tatsachen dieser Art konnte zu jener Zeit niemand Einwände erheben. Den Menschen zu lehren, daß das Universum voller Polyeder sei, war für Aristoteles peinlich. Es sei doch wohl absurd zu glauben, daß Menschen Kopfschmerzen bekommen, weil die spitzen Winkel des Tetraeders das Gehirn befallen und stechen.

Aristoteles sagt deshalb: Nach Plato setzen sich die vier Elemente aus gewissen Elementarflächen, den Stoicheia zusammen. Was wird aber aus dem von den Stoicheia umschlossenen **Inhalt**, wenn wir sie zusammenfügen und wieder auseinandernehmen? Das Innere – die **Materie** – und die umschließende Fläche – „Eidos", die **Form**, – sind die Urbestandteile eines aus ihnen aufgebauten vollständigen Universums. Ein Universum aus Form allein ist nicht mehr als ein leerer Schein.

Das Tetraeder wird wegen seiner Kleinheit als Gestalt des Feuers angenommen, aber es gibt ebenso auch größere Tetraeder. Kann ein Tetraeder in der Größe eines Ikosaeders dann zur Kühlung verwendet werden?

Das Feuer ist heiß wegen der angriffslustigen Spitzen eines Tetraeders; aber das Ikosaeder hat ebenfalls Spitzen, wenn auch nicht ganz so scharfe. Ist ein auf Papyrus geschriebenes Dreieck heiß?

Wenn ja, wird sicherlich irgendwann ein Feuer entstehen. Weiter sagt Plato, daß das Element Erde wegen seiner Stabilität die Gestalt eines Würfels habe. Aber die anderen Elemente sind genauso stabil, wenn sie auf natürliche Weise zu ihrem vorbestimmten Ort, dem „Topos", gelangt sind.

Außerdem, wenn man ein Ikosaeder zerschneidet, sind die Teilstücke nicht nur Ikosaeder. Das würde bedeuten, daß Teile des Elementes Wasser kein Wasser sind. Man kann auch einen Ikosaeder nicht vollständig und dicht mit Ikosaedern umgeben; im Wasser verschwindet also das Wasser.

Oktaedrisch tetraedrisches Gitterwerk als ungewöhnlicher räumlicher Drachen. Gestaltet von Graham Bell.

Aristoteles setzte sich auch mit dem Problem auseinander, den Raum mit regulären Polyedern gleichmäßig und vollständig auszufüllen*). Es gibt nur zwei Möglichkeiten: Einmal kann man den Raum mit Würfeln ausfüllen, oder aber man bildet ein regelmäßiges Muster aus abwechselnd aneinander gelegten Tetraedern und Oktaedern.

Aristoteles schloß, daß es in Platos vollständig mit regulären Polyedern ausgefüllten Kosmos nur zwei Variationen von „Eidos" (Form) geben könne.

Der englische Philosoph Roger Bacon prüfte in Zusammenhang hiermit sehr genau Raumstrukturen aus gleichseitigen Dreiecken oder aus Quadraten („Opus Majus").

Kubisches Gitter als gewöhnlicher Dschungel-Komplex.

Aristoteles' Widerstand geht unterdessen weiter. Nicht ohne Grund wird oft gesagt, daß jeder Mensch ein Gefolgsmann von Plato oder Aristoteles sei. Ein Mann mit dem absoluten Anspruch wie Newton wäre demnach ein Schüler Platos und ein Mann, der sich mit Relativität beschäftigt wie Einstein, ein Schüler Aristoteles. Bedauerlicherweise wird heutzutage eher Aristoteles als Pionier der wissenschaftlichen Naturbeschreibung geehrt. Die Welt der Atome jedoch erinnert uns an Plato.

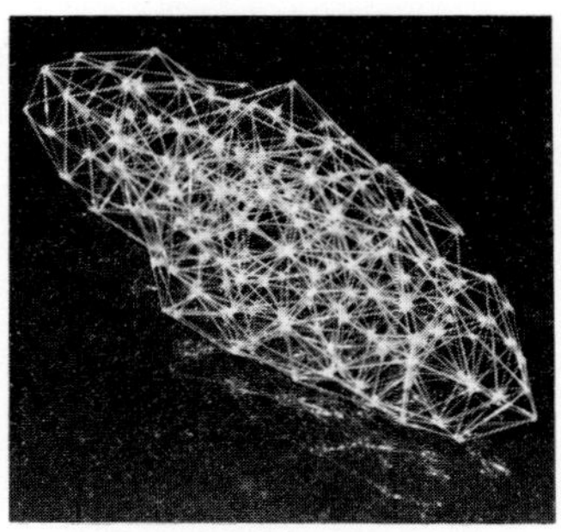

Glasarbeit „Milchstraße", eine Flüssigkeit im Universum, die der molekularen Struktur von Wasser gleicht. Von Yumiko Yoshimoto.

---

*) Das entsprechende Problem in der Ebene mit regelmäßigen Polygonen wird durch die Pythagoreischen Mosaike gelöst (Anm. d. Red.)

Zum Beispiel kann man sich die molekulare Struktur einer Flüssigkeit aus Polyedern abgeleitet denken. Die Flächen dieser Polyeder bestehen aus regelmäßigen Dreiecken, und es tritt Ikosaedersymmetrie auf. Ein dreidimensionaler Raum läßt sich jedoch nicht vollständig mit diesen Polyedern ausfüllen. Auf der Suche nach einer stabilen Anordnung bewegen sich die Moleküle rastlos hin und her.

Sehr viele Viren haben eine Struktur mit Ikosaedersymmetrie. Bild [7] zeigt Modelle einiger Viren, mit elektronenmikroskopischen Photographien der DNS als Hintergrund. Die DNS stellt sich wie Seile inmitten der Viren dar. Die Figur oben rechts ist eine periodische Anordnung von Viren, gemäß den Pythagoreischen Mosaiken.

Ikosaeder sind also in jedem Fall gefährlich. Schon Plato behauptete, daß wir im Fall einer Überzahl regulärer Ikosaeder in unserem Körper gesundheitlichen Schaden nehmen würden.

Pollen, die in der Luft umherfliegen oder von der Strömung getragen werden, sind noch größere Gebilde als Viren. Gypsophila elegans z.B. (eine Art des Gipskrautes) zeigt die Struktur eines Dodekaeders, Oenothera odorata (ein Nachtkerzengewächs) die eines Tetraeders, und die Dahlie die eines Würfels.

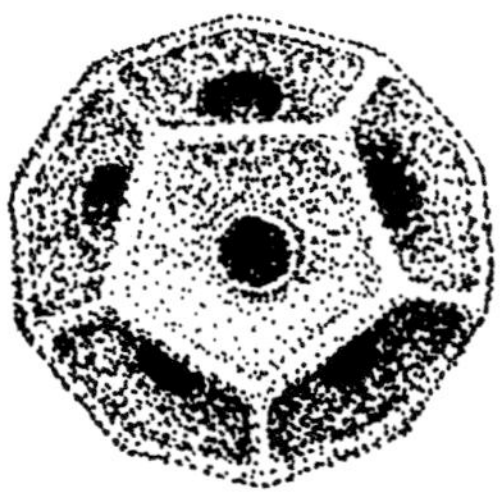

Dodekaedrische Pollen der Gypsophila elegans

Auf der Oberfläche eines Pollenkernes befinden sich in der Regel Keimöffnungen. Nach Meinung des Biologen Tammes (1930) soll es bei einigen kugelförmigen Pollen so sein: Wenn man auf der Kugeloberfläche um die Mittelpunkte der Löcher Kreise mit gleichem Radius schlägt, so daß sie einander gerade berühren, ist die Position der Öffnungen so bestimmt, daß die Anzahl der Kreise maximal wird. Bei einer Anzahl von zwölf oder zwanzig Löchern befinden sich die Öffnungen in den jeweiligen Flächenmittelpunkten von regelmäßig dodekaedrischen bzw. ikosaedrischen Kugeln.

Auch die Skelette von Radiolarien im Meer haben die Symmetrie regulärer Polyeder. Genaueste Zeichnungen existieren von Ernst Haeckel, wie allgemein bekannt ist.

Viren, Pollen und Radiolarien haben ihre polyedrische Form während ihres **Lebens** und Treibens in Luft und Wasser erhalten.

Andererseits treten natürlich bei Mineralien, die seit Platos Zeit leblos im Boden festsitzen, kristalline Formen aus regelmäßigen Polyedern auf.

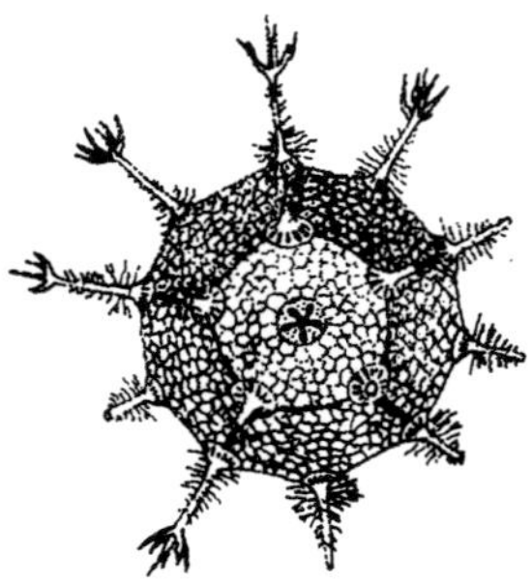

Regelmäßige dodekaedrische Struktur der Radiolarien. Nach Ernst Haeckel.

Bild [8] zeigt Polyeder als Kristalle natürlicher Diamanten. Alle sind durch die Abstumpfung von Würfeln und Oktaedern entstanden.

Pyrit ist bisher in jeder Gestalt beinahe regulärer Polyedern abgebaut worden, außer in Form eines Tetraeders. Ende des 19. Jahrhunderts wurde ein regelmäßiges Dodekaeder aus der Zeit, als Pythagoras lebte, am Fuß des Berges Loffa in Italien gefunden. T. L. Heath ist daher der Meinung, daß auch Pythagoras das regelmäßige Dodekaeder gekannt haben mußte, auch wenn er es geheimgehalten hat.

[7] ▶
Modelle von Viren mit Fotos der DNS als Hintergrund. Von oben nach unten: Herpesviren, Pockenviren, Papovaviren und Adenoviren.

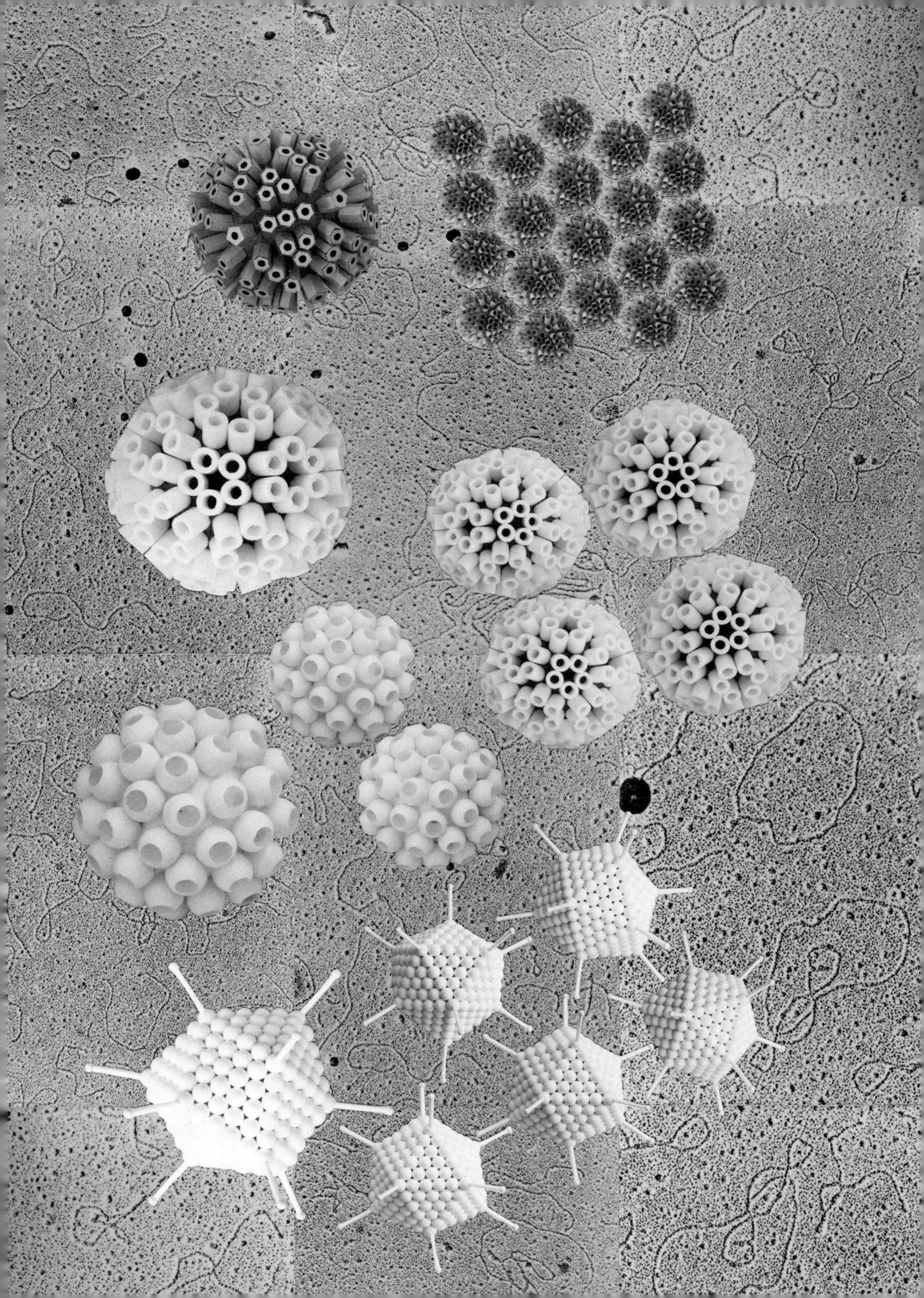

Pyritkristalle. Kubische und dodekaedrische.

Das berühmte Parallelenaxiom, das von Euklid im ersten Buch seines 13bändigen Werkes „Die Elemente" beschrieben wird, hat viele gelehrte Köpfe einem Virus gleich beschäftigt.

Proklos jedoch – ein Philosoph des 5. Jahrhunderts – widmete seine besondere Aufmerksamkeit dem Ende des 13. Buches. Dort wird die Existenz von ausschließlich fünf regulären Polyedern bewiesen. Die dreizehn Bücher von Euklid, ein mit der Bibel vergleichbares großes Werk, sind nach Proklos' Meinung daraufhin angelegt, die regulären Polyeder zu erklären.

Wenn das so ist, kann man sagen, daß das geometrische oder mathematische Wissen der Wissenschaftler seit Euklids Zeit – von den Elementen ausgehend – allgemein auf die regulären Polyeder hinzielt. Was Aristoteles betrifft, er lebte vor Euklid.

8

Modelle natürlicher Diamanten. Entstanden aus Würfel- und Oktaederformen.

4
Elemente, Atome, Elementarteilchen
Familie von Archimedes

Die Erde existiert im Gegensatz zum Himmel, das Quadrat im Gegensatz zum Kreis, Aristoteles im Gegensatz zu Plato. Alle ergeben ein Paar.

Zwei zueinander duale konvexe Polyeder ergeben auch ein Paar. Zwei solche Polyeder sind zueinander dual, wenn alle Ecken des einen durch die Flächen des anderen ersetzt werden können und umgekehrt.

Was die fünf regulären Polyeder betrifft, so ist das Tetraeder zu sich selbst dual, der Würfel zum Oktaeder und das Dodekaeder zum Ikosaeder (siehe Bild ❾).

Duale Polyeder gleichen einander in der Weise, daß die Anzahl der Kanten sowie die Symmetrieeigenschaften dieselben sind. Die drei Grundmuster der Temaris sind aus den gegenseitig dualen regulären Polyedern entstanden (siehe Bild ❸).

Keplers Betrachtung basierte auf Familien: die Familie der Würfel mit dem Würfel als Vater und dem Oktaeder als Mutter und die Familie der Dodekaeder mit dem Dodekaeder als Vater und dem Ikosaeder als Mutter. Ein Tetraeder ist ein Einzelgänger („Harmonices Mundi").

Die Würfel- sowie die Dodekaeder-Familie haben je sechs Kinder, und außerdem hat das unverheiratete Tetraeder ein Kind. Es war Archimedes, der diese dreizehn Kinder pflegte und überlieferte.

Sie haben **Flächen** zweier oder mehrerer Arten **regelmäßiger Polygone**, die **gleichermaßen** um jede **Ecke** angeordnet sind, wie in Bild ❿ gezeigt ist. Ihre regelmäßig polygonalen Schattenbilder sind in grau abgebildet.

Alle sechs auf der linken Seite sind Kinder der Würfel-Familie, die auf der rechten Kinder der Dodekaeder-Familie; dasjenige in der Mitte ist das des unverheirateten Tetraeders.

Anhand jedes einzelnen Namens kann man sich vorstellen, in welcher Umgebung sie geboren sein müssen. Ein gestutzter Würfel z.B. ist durch Abschneiden der Ecken des Würfels entstanden. Ein Kuboktaeder ist eine Mischung zwischen einem Würfel und einem Oktaeder, ein Rhombikuboktaeder (kleines Rhombikuboktaeder) besitzt eine größere Anzahl Quadrate, d.h. rhombische Flächen, als ein kubisches Oktaeder; und ein gestutztes Kuboktaeder (großes Rhombikuboktaeder) erhält man, wenn man die Rechtecke, die die Ecken eines Kuboktaeders als Sektionen umgeben, durch Quadrate ersetzt.

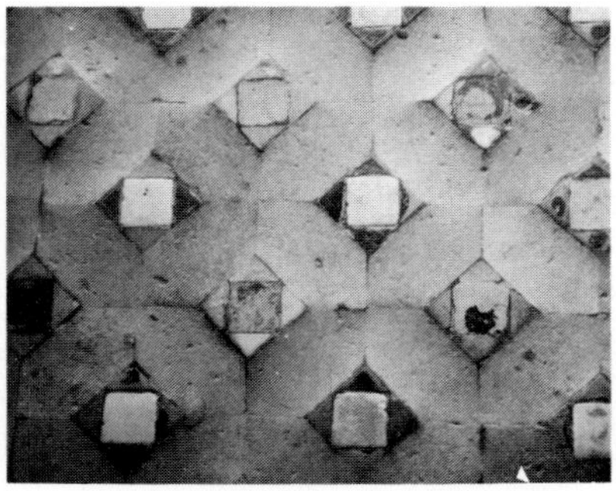

Arabesken auf einem Boden als Schatten gestutzter Oktaeder und Kuboktaeder. Alhambra.

9

Deltaeder; von links nach rechts, ein 4-, 6-, 8-, 10-, 12-, 14-, 16- und 20-Flächner.

10

Sternartige Polyeder von Leonardo da Vinci, entsprechend der „Divina Proportione".

Schließlich gehört noch ein gestutztes Oktaeder und ein abgestumpfter Würfel (38-flächige Figur) zur Würfel-Familie. Ähnliche Modifikationen sind bei der Dodekaeder-Familie denkbar.

Gemäß der Heathschen Forschungen war Heron, aus dem ersten Jahrhundert v. Chr., der erste, der behauptete, daß diese 13 Körper von Archimedes entdeckt worden seien; als zweiter stellte Pappus, aus dem dritten Jahrhundert, Untersuchungen an, und schließlich war Kepler im 17. Jahrhundert der erste, der alle Figuren zeichnerisch abgebildet hat.

So haben sich viele Gelehrte für die **dreizehn Körper** interessiert, benannt wurden sie aber nach **Archimedes**, obwohl sein Manuskript bei dem großen Brand in Alexandria verlorengegangen ist.

Seltsamerweise wurde kürzlich in den verschiedensten Winkeln der Erde fast gleichzeitig ein Pseudo-Rhombikuboktaeder entdeckt. Seine Form ergibt sich, wenn ein deckelartiger Teil eines Rhombikuboktaeders mit vier Dreiecken und fünf Quadraten 45° um die Symmetrieachse gedreht wird, wobei die Mittelpunkte der parallelen quadratischen Flächen geschnitten werden. Trotzdem verändert sich die Regularität der Flächen und Ecken nicht.

Auch in Japan wurde dieses Phänomen entdeckt, und zwar von dem Mathematiker Hiraku Toyama, der beobachtete, wie sein Enkelkind den Deckel einer japanischen Rhombikuboktaeder-Keksdose verkehrt aufsetzte (Bild ⓫).

Rechnet man dieses Pseudo-Rhombikuboktaeder zu den Archimedischen Körpern noch hinzu, erhöht sich die Zahl der Körper auf 14. Auch Kepler erwähnte 14 Körper („Über sechseckige Schneeflocken").

Archimedisches sechsseitiges Prisma (oben) und Anti-Prisma.

Davon abgesehen gibt es unzählige Archimedische Prismen und Anti-Prismen mit gleicher Regularität wie die 13 Archimedischen Körper. Die oberen und unteren Grundflächen sind jeweils zwei kongruente regelmäßige Polygone, aber die Seitenflächen der Prismen sind Quadrate und die der Anti-Prismen gleichseitige Dreiecke. Deswegen werden alle 13 archimedischen Körper, das Pseudo-Rhombikuboktaeder, die unzähligen Archimedischen Prismen und Anti-Prismen zusammen heutzutage **halbreguläre** Polyeder genannt.

Jeder der 13 Archimedischen Körper allerdings kann in ein Tetraeder einbeschrieben werden, so daß die geeigneten vier Flächen sich überlappen können. Es wäre daher nicht unpassend, wenn die Archimedischen Körper als Engel die geheiligten Positionen nach den Göttern, nämlich den Platonischen Körpern, einnehmen würden.

Es gibt Leute, die die 13 Körper im Zusammenhang mit Christus und den Aposteln sehen, wobei Christus das gestutzte Tetraeder, geboren von einem unverheirateten regelmäßigen Tetraeder ist. Das „Abendmahl" von Dari zeigt Christus und die Apostel unter einer regelmäßig dodekaedrischen Kuppel.

Die Jusan-butsu, eine Anordnung von 13 Buddhas, die von japanischen Buddhisten seit dem 13. Jahrhundert verehrt werden, haben möglicherweise den gleichen Ursprung.

Duale Polyeder der Archimedischen Körper werden Archimedische Doppel genannt. Anders als bei den Platonischen Körpern unterscheiden sich die Archimedischen Doppel völlig von den Archimedischen Körpern. Der 24-, 48- bzw. 120-Flächner — abgeleitet aus den in Bild ❸ gezeigten Grundmustern der Temaris — ist jeweils dual zu dem gestutzten Oktaeder, dem gestutzten Kuboktaeder und zu dem gestutzten Ikosidodekaeder.

Im Vergleich zu den seit der Antike bekannten regulären und halbregulären Polyedern sind konvexe Polyeder, deren Flächen zwar regelmäßige Polygone sind, jedoch ohne regelmäßige Anordnung um die Eckenpunkte, erst im 20. Jahrhundert bekannt geworden.

Unter ihnen gibt es acht sog. Deltaeder, diejenigen nämlich, deren Flächen einzig gleichseitige Dreiecke sind (Bild [9]). Es sind ein 4-, 6-, 8-, 10-, 12-, 14-, 16- und 20-Flächner. Einen 18-Flächner gibt es nicht.

Falls wir uns nicht auf konvexe Polyeder beschränken, gibt es unzählige Polyeder mit Flächen aus nur gleichseitigen Dreiecken. Bild [10] zeigt z.B. sternförmige Körper, die ursprünglich von Leonardo da Vinci bildlich festgehalten wurden und in Paciolis "De Divina Proportione" zu finden sind. Wenn der ständig den Himmel bewundernde Plato diese Körper gekannt hätte, hätte er sie für neue Elemente gehalten, die von einem unbekannten Stern kommen.

Auf der anderen Seite gibt es als ausschließlich aus Quadraten bestehendes konvexes Polyeder nur den Würfel, und ausschließlich aus regelmäßigen Fünfecken bestehend gibt es nur das reguläre Dodekaeder. Es gibt keine konvexen Polyeder mit ausschließlich regelmäßigen Sechsecken oder höheren Polygonen.

Flaches Steindenkmal japanischer Buddhisten, ein Itabi, mit sanskritischen Inschriften der Namen von dreizehn Buddhas. Die Statue aus Stein ist Kukai. Kiyotanidera-Tempel, Tokio, 17. Jahrhundert.

Luca Pacioli und ein transparentes Rhombikuboktaeder.

Ikosaederförmige (Mitte) und kuboktaederförmige (beidseitig) Würfel. Britisches Museum. 1. Jahrhundert.

Polyedrische Sonnenuhren. Italien, 16. Jahrhundert.

Welche Formen sind nunmehr denkbar bei konvexen Polyedern, wenn man an einer Ecke beliebige regelmäßige Polygone in beliebiger Weise anlagern kann?

Nach V. A. Zalgaller und N. W. Johnson gibt es außer den regulären Polyedern, Archimedischen Körpern, Archimedischen Prismen und Anti-Prismen 92 solche Körper. Bild ⓬ zeigt ihre Vorder- und Rückansicht, jeweils paarweise, mit Ausnahme der Deltaeder und des Pseudo-Rhombikuboktaeders. Gemäß ihrer Symmetrieeigenschaften sind sie in Klassen eingeteilt. Die Gruppe links außen, die dritte von rechts und die Gruppe rechts außen gehören zu der Würfel-Familie und die anderen zu der Dodekaeder-Familie. Es gibt sechs völlig gleichartig erscheinende Paare darunter. Aber sie unterscheiden sich voneinander – ähnlich wie das Pseudo-Rhombikuboktaeder von dem Rhombikuboktaeder.

Die vier Naturelemente, denen Plato die Gestalt regulärer Polyeder gab, sind von weiten Teilen der Menschheit als Kräfte mit allmächtigen Fähigkeiten angesehen worden, bis R. Boyle im 17. Jahrhundert die mittelalterliche Alchemie zurückwies. Auch in Goethes „Faust", zu Beginn des 19. Jahrhunderts, wird mit dem Tod der Elemente gerungen.

Nach R. Boyle beginnt sich der neuzeitliche Begriff der Elemente durchzusetzen, als da sind Wasserstoff mit der Ordnungszahl 1, Helium mit der Ordnungszahl 2 usw. Heute sind 92 natürliche Elemente bekannt mit Uran als letztem. Zählt man die künstlichen hinzu, beläuft sich ihre Zahl auf über 100.

Die 92 natürlichen Elemente haben möglicherweise die „Gestalt" der 92 regelmäßigflächigen konvexen Polyeder, obwohl es viele unregelmäßige Formen gibt.

Nach Äußerungen heutiger Physiker weist die Natur recht unregelmäßige Züge auf, die keinerlei Parität zwischen rechts und links bewahren.

In den 30er Jahren waren diese modernen Elemente allerdings einer Krise erlegen: das Proton, Elektron und Neutron wurden entdeckt und galten als die einzigen Elementarteilchen in der Natur. Das sind weniger als die vier Naturelemente.

Möglicherweise besitzen diese drei die „Form" eines Tetraeders, eines Würfels und eines Dodekaeders, denen Kepler wegen ihrer drei verschiedenen Flächentypen besondere Aufmerksamkeit schenkte; oder vielleicht sind sie andererseits von der „Gestalt" eines Tetraeders, Oktaeders und Ikosaeders, denen Fuller große Bedeutung zumaß, wie später noch gezeigt werden wird.

Die Zahl der Elementarteilchen ist jedoch jedes Jahr gewachsen, kürzlich bis auf etwa 150; bei andersartiger Numerierung kommt man bereits auf 400. Die Situation ist einfach zu kompliziert.

Das grundlegendere, kürzlich entdeckte Teilchen, das Quark, ist nützlich zur Vereinfachung, da wahrscheinlich viele Elementarteilchen aus Quarks bestehen.

Aber bis heute sind ungefähr 20 Arten des Quarks gefunden worden.

Wie viele Elemente gibt es denn nun in der Natur? Acht Deltaeder? 13 oder 14 Archimedische Körper? 59 ikosaedrisch gestaltete nach Coxeter u.a.?

Wahrscheinlich trifft nichts von alledem zu. Möglicherweise sind es gerade sechs entsprechend der Zahl der vierdimensionalen regulären Polytope oder auch drei, entsprechend der fünf- oder höherdimensionalen regulären Polytope, wie im weiteren gezeigt wird. Sechs Grundstrukturen der Quarks hat man bereits beschreiben können, „flavors", von denen jede in drei Basiszuständen vorkommt, den „colors".

Konvexe Polyeder mit regelmäßigen polygonalen Flächen. 86 Arten werden paarweise in Vorder- und Rückansichten gezeigt. Die anderen 6 Typen sind Deltaeder und ein pseudo-Rhombikuboktaeder. ⓬▶

Keplers Konstruktion kreisförmiger Planetenbahnen in der Gestalt regelmäßiger Polygone. ⓭▶

Rekonstruktion des Keplerschen kosmischen Schalenmodells. Darstellung des Autors. ⓮▶

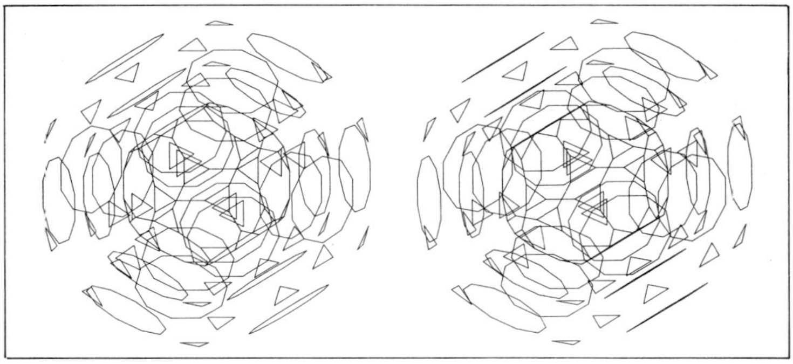

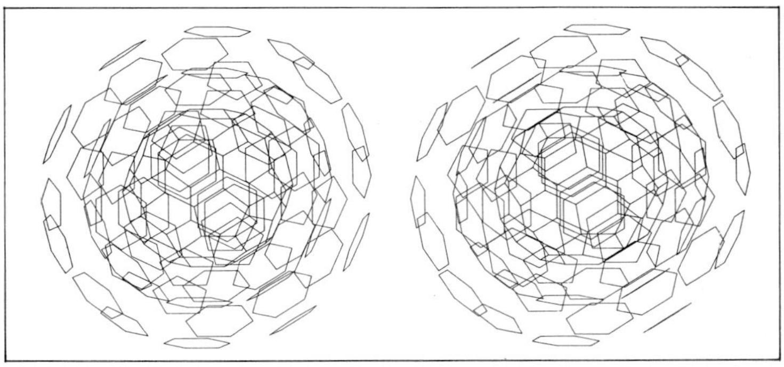

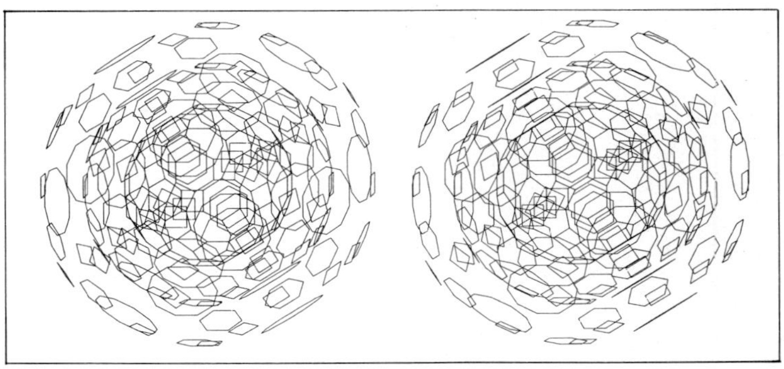

„Explosion" der Archimedischen Körper. Von oben nach unten, ein gestutztes Dodekaeder, ein gestutztes Ikosaeder, ein gestutztes Ikosidodekaeder. Computergraphiken von Taro Tajima und Kunio Kondo.

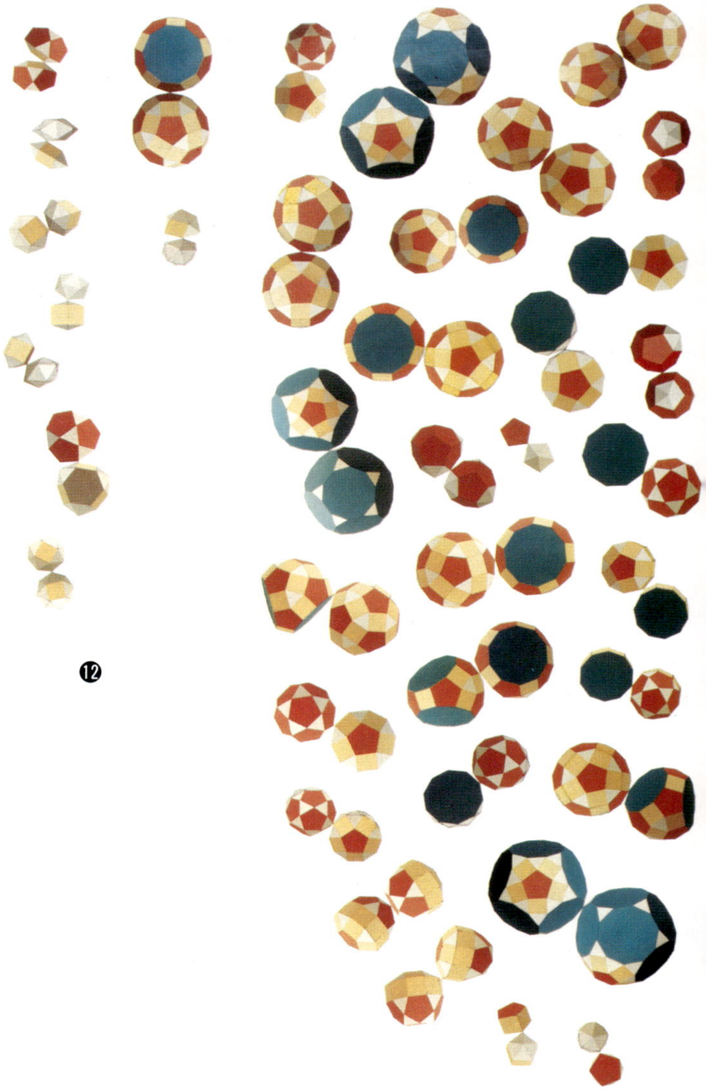

⓬

⓭

⓮

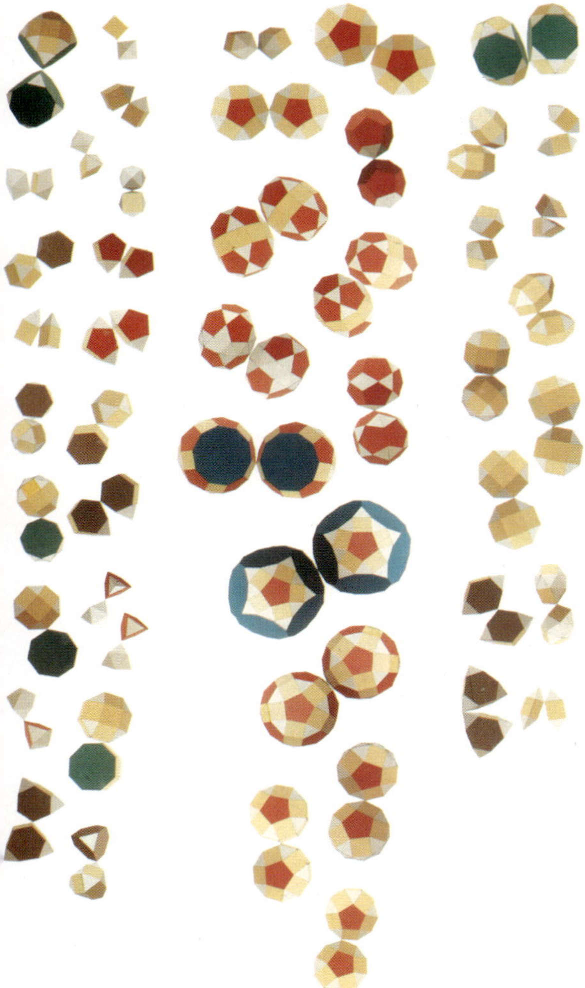

15

5
Die kosmische Schale Erfüllung des Traums von Kepler

Gott als Architekt des Universums, gemäß der Bibel des 13. Jahrhunderts.

Die polyedrischen Grenzen des Universums sind unermeßlich und in ihm befinden sich polyedrische Elemente der Natur, die zu klein sind, um beobachtet werden zu können.

Plato dachte sich die Begrenzung des Universums als ein Dodekaeder, das sich um seinen Mittelpunkt, die Erde, dreht.

Kepler, der als Astrologe von Platos geozentrischem System und der Zwölfteilung des Tierkreises überzeugt war und sich gleichzeitig als Astronom zu dem kopernikanischen heliozentrischen System bekannte, entwarf ein **kosmisches Schalenmodell**, das Plato wie Kopernikus gerecht werden sollte.

Das Milieu Keplers Kindheit und Jugend erschien mit Anbruch der Neuzeit so düster wie die Geschichte des Mittelalters, so daß er den Grund dafür auf die kosmische Konstellation zum Zeitpunkt seiner Geburt zurückführte. Er besaß eine starke Vorliebe für Astrologie und er wurde derart vertraut mit dem Himmel, daß er freimütig Kopernikus verteidigte, obwohl jene, die das geozentrische System anzweifelten, als vertrauensunwürdige Personen behandelt und auf dem Scheiterhaufen verbrannt wurden.

Es ist kein Wunder, daß Kepler auf Grund seiner außerordentlichen Vorstellungskraft und seiner Wißbegierde in der Mathematik die ihm angebotene Stelle als Mathematiker und Lehrer an einer Schule annahm, obwohl er zuerst Theologe werden wollte. Dies war der Beginn seines Wandelns zwischen Mittelalter und Neuzeit, Gott und Mensch, Religion und Wissenschaft, als Astronom und Astrologe, zögernd, sich irrend, nachdenklich.

Eines Tages, im Alter von 25 Jahren, als er gedankenversunken eine schöne astrologische Figur an die Wandtafel zeichnete, stellte sich ihm als Astronom die Frage, warum sich die sechs Planeten auf kreisförmigen Umlaufbahnen bewegten, deren Radien Kopernikus durch seine Beobachtungsergebnisse bestimmt hatte.

Die Figur bestand aus einem großen Kreis, dem ein gleichseitiges Dreieck einbeschrieben war, dem wiederum ein kleiner Kreis einbeschrieben war.

Als er seine Zeichnung fertiggestellt hatte, war er innerlich aufgewühlt, denn er war überzeugt, das Rätsel des Systems der Umlaufbahn lösen zu können. Er verkündete seinen wenigen Studenten das Ende der Vorlesung und zeichnete an einem versteckten Ort die Figur, so wie sie in Bild ⓭ zu sehen ist.

◀⓯

Grundmuster geodätischer Sphären und deren Kombination als ein Temari (links).

Zunächst malte er einen großen Kreis als Umlaufbahn des Saturn, in den er ein gleichseitiges Dreieck als erstes regelmäßiges Polygon einbeschrieb, dessen einbeschriebener Kreis wiederum die Umlaufbahn des Jupiter darstellen sollte. Ähnlich verfuhr er mit Mars, Erde, Venus und Merkur, die sich auf den einbeschriebenen Kreisen eines Quadrates, regelmäßigen Fünfeckes, regelmäßigen Sechseckes bzw. eines regelmäßigen Siebeneckes bewegen sollten.

Aufgeregt verglich er das Ergebnis mit den kopernikanischen Schätzungen und war erneut überwältigt. Sie unterschieden sich von seinen.

Dennoch glaubte er der Wahrheit näherzukommen. Der **Fehler** war, ebenflächige Polygone zu verwenden. 3-dimensionale Polyeder würden besser zu den im Raum verlaufenden Planetenbahnen passen.

Welche Polyeder eigneten sich nun für die göttliche Bewegung der Planeten? Es müßten die regulären Polyeder sein. Er entwarf ein Modell aus sechs Sphären und den fünf regulären Polyedern.

Die größte Sphäre enthält als Großkreis die Umlaufbahn des **Saturn**; in sie ist ein **Würfel** einbeschrieben. Auf der in den Würfel einbeschriebenen Sphäre hat **Jupiter** seine Umlaufbahn. Wiederum ähnlich ist der Sphäre des Jupiters ein **Tetraeder** einbeschrieben, und **Mars** bewegt sich auf der dem Tetraeder einbeschriebenen Sphäre. So fährt man fort. Die Sphäre mit der Umlaufbahn der **Erde** ist in ein **Dodekaeder** einbeschriebenen – gemäß Platos Vorstellung von der dodekaederförmigen Begrenzung des Kosmos. Weiter ist die Sphäre mit der Umlaufbahn der **Venus** in ein **Ikosaeder** einbeschrieben und zuletzt die kleinste Sphäre des **Merkur** in ein **Oktaeder**.

Bei genauer Prüfung ließ sich feststellen, daß die Schätzungen bezüglich aller Planeten, ausgenommen Saturn und Merkur, fast mit den von Kopernikus beobachteten Ergebnissen übereinstimmten. Was Saturn und Merkur betraf, glaubte Kepler an einen Fehler Kopernikus' wegen ihrer zu großen Entfernung von der Erde.

Während er so dachte, wurde er doch ein wenig unsicher und gab allen Sphären eine gewisse Dicke, um zufällige Fehler zu vermeiden und um auch die Planetenbahnen der Satelliten wie die des Mondes einzuschließen.

In Verbindung mit dieser Modifikation steht eines der berühmten Keplerschen Gesetze, nach dem sich jeder Planet auf einer elliptischen Umlaufbahn fortbewegt, nämlich innerhalb der Verdickung jeder dieser Sphären, und die Menschheit konnte nunmehr die Pythagoreischen Kreise überwinden.

Die überraschende Entdeckung wurde in seinem Buch mit dem Titel "Mysterium Cosmographicum" festgehalten, und der Schirmherr wurde ersucht, sein Sphärenmodell als kosmisches Schalenmodell anzufertigen.

Nach Keplers Plan ist der gesamte Kosmos in einer hemisphärischen Schale mit einem Durchmesser von ungefähr einem Meter, auf deren Randkreis sich der Saturn bewegt. Das Ganze sollte als Silberschmiedearbeit mit verschiedenen Edelsteinen besetzt hergestellt werden: ein Diamant als Saturn, ein Rubin als Jupiter, eine

Johannes Kepler

Sternartiges Modell des Sonnensystems, das Gauß in seiner Vorlesung verwendete und dessen Spitzen die Umlaufbahnen der Planeten bestimmen.

⑯▶

Grundriß des Universums aus der Kosa-Sastra-Schrift

⑰▶

Gorinto (mittlerer Körper) und drei Stupas in den traditionellen Farben

⑱▶

Reguläre polyedrische Mandalas

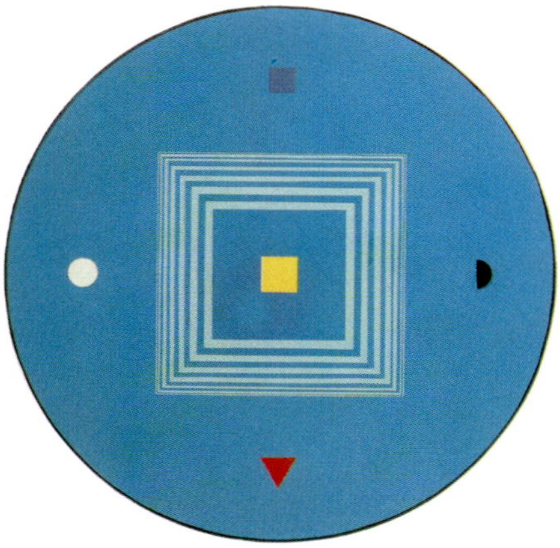

⓰

⓱

⓲

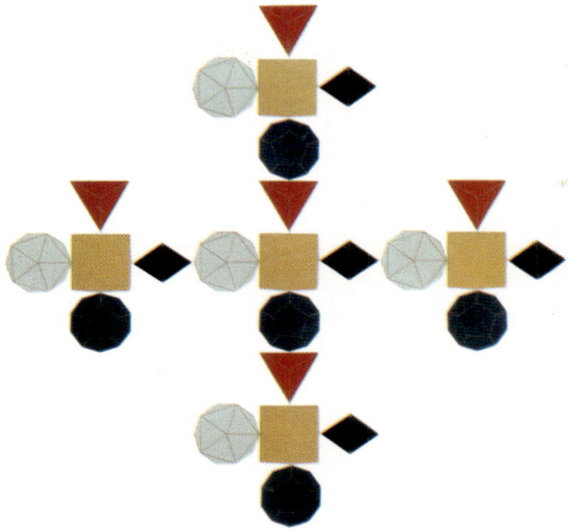

⓳

⓴

11

Am hohen Himmel fliegende geodätische Sphären. Die zweite von links zeigt den Innenraum.

Fullers geodätische Kuppel als Lebensraum. Montreal. Direkt nach dem Brand.

◀⓳

Erscheinungsbild des Mikrokosmos aus der Kosa-Sastra-Schrift

◀⓴

Kugelpackung des Fullerschen Universums aus sphärischen konvexen Kuboktaedern, konkaven Oktaedern und konkaven Kuboktaedern.

Perle als Mond usw. Darüberhinaus sollte die Schale mit geeigneten Getränken gefüllt werden: eigens reservierter Whisky für die Sonne, Wein für Saturn, Weinbrand für Merkur usw.

Kepler versuchte, den Schirmherrn mit Hilfe eines Entwurfs zu überreden, aber in Anbetracht der hohen Kosten zögerte der Patron doch mehr als Kepler, so daß das Modell letzten Endes nicht verwirklicht wurde.

Kepler mag von einem solchen Modell in Bild ⓮ geträumt haben. Die Hemisphäre des Saturn ist ausgestattet mit der Figur T_{10} aus Bild ❽, gestaltet aus 15 geodätischen Linien; weiterhin sind Jupiter und Mars in den Hemisphären nach dem Muster T_8 aus 9 geodätischen Linien sowie Erde, Venus und Merkur in den Hemisphären nach T_6 aus 6 geodätischen Linien zu finden.

Das Sphärenmodell hatte Kepler offenbart, daß reguläre Polyeder Haken sind, durch die der Himmel nicht auf die Erde herabfällt, und ungefähr 20 Jahre später schrieb er das Buch "Harmonices Mundi", obwohl die Welt nicht nur voll Harmonien war: der Dreißigjährige Krieg, Tod in seiner Familie und seine neue Frau, die er aus elf Ehekandidatinnen auszuwählen hatte.

In seinem Buch sagt er, daß regelmäßige Polygone, die mit Zirkel und Lineal gezeichnet werden können und die die Fähigkeit besitzen, die Oberfläche einer Ebene oder einer Kugel auszufüllen, viel zu einer harmonischen Welt beitragen können. Und nachdem er tief beeindruckt von der Existenz verschiedener einfacher Verhältnisse

dem einfachen Verhältnis: die Quadrate der Umlaufbahnen zweier Planeten um die Sonne verhalten sich zueinander wie die dritten Potenzen ihrer mittleren Entfernungen zur Sonne.

Netwon durchforschte Keplers polyedrische Welt und demonstrierte schließlich mathematisch dieses dritte Gesetz.

Später stellte Gauß, Mathematiker und Astronom, ein stachliges sternförmiges Polyeder vor. Es wird behauptet, daß er auch ein Modell der Keplerschen kosmischen Schale vorführte, versehen mit Keplers Worten: Der Kosmos kann in elementaren geometrischen Formen ausgedrückt werden.

Im Gegensatz zu seinen brillanten kosmischen Entdeckungen wurde sein irdisches Leben düster; er starb einsam während einer Reise und hinterließ einen wissenschaftlichen Roman „Traum", in dem er eine Reise zum Mond behandelt.

Höchstwahrscheinlich hätte er es sich nicht träumen lassen, daß Ende des 18. Jahrhunderts von Bode und Gauß das Bodesche Gesetz über die Planetenanordnung nach einem einfacheren Verhältnis als dem seines dritten Gesetzes entdeckt würde: Die mittleren Entfernungen aller Planeten zur Sonne verhalten sich zueinander wie $0{,}4 + 0{,}3 \cdot 2^n$, wobei $n = -\infty$ für Merkur, $n = 0$ für Venus, $n = 1$ für die Erde, $n = 2$ für Mars, $n = 4$ für Jupiter und $n = 5$ für Saturn gilt. Später wurden zusätzlich noch der Asteroid Ceres und der Planet Uranus entdeckt, für die $n = 3$ bzw. $n = 6$ gilt. Beide waren Kepler zum Glück unbekannt.

Auch konnte Kepler nicht vorhersehen, daß die UdSSR im Jahre 1959 auf dem Mond ein dodekaedrisches Ehrenzeichen gemäß seinen elliptischen Umlaufbahnen zurücklassen würden.

Beide Gesetze, das Keplersche wie das Bodesche, zeigen größere Abweichungen in dem Maße, in dem der Umfang des Universums, das n des Bodeschen Gesetzes, zunimmt.

Der Mann, der überzeugt ist, das Universum bis zum letzten mit $n = \infty$ ohne jegliche Abweichung erklären zu können, heißt Richard Buckminster Fuller, ein Architekt des Universums, der auf allen Wissensgebieten zu Hause ist und der glaubhaft machen will, daß die Zukunft lebenswerter ist als die Gegenwart.

A. Koestler sagte in den 50er Jahren, daß Platos "Timaios" und Keplers "Harmonices Mundi" die zwei einzigen synthetischen Werke über das Universum seien ("The Watershed"). 1975 jedoch erschien das dritte Werk, und zwar Fullers "Synergetics".

Das Wort "Synergetik" bei Fuller ist von dem technischen Begriff "synergy" (Synergie), der gelegentlich in der Biologie und Chemie benutzt wird, abgeleitet.

Mikroskopisch kleine Moleküle oder Zellen setzen außergewöhnliche unvorhersehbare Energie frei, sofern sie zusammenwirken. Trotz ähnlicher Molekular- oder Zellenstruktur entwickelt sich z.B. aus einer grünen Raupe ein Schmetterling und kein Kücken, aus dem Ei hingegen schlüpft ein Kücken und kein Schmetterling. All das beruht auf Synergie.

R. B. Fuller mit einer Kombination von Yoshimoto-Würfeln (vgl. Bild ㊲), (links), Yoshimoto selbst (rechts) und Itsuo Sakane (Mitte). In Tokio 1982, kurz vor Fullers Tod.

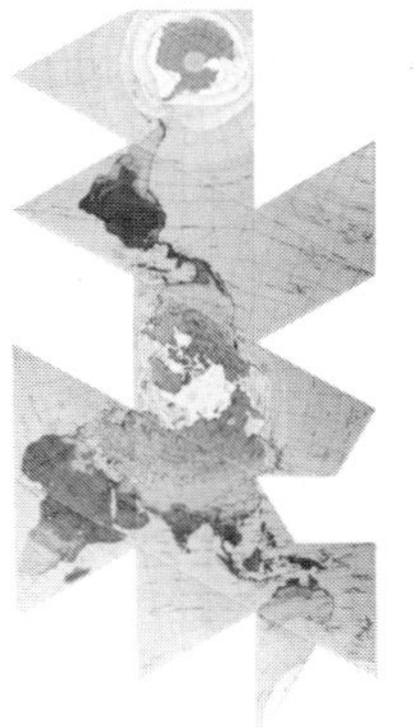

Regelmäßiges ikosaedrisches Dymaxion, Himmel-Ozean-Karte von Fuller.

Japanische Briefmarke zur Erinnerung an Fullers kuppelförmige Wetterwarte auf dem Gifpel des Fuji.

Die Fullers waren eine große Handelsfamilie, die seit Generationen die Weltmeere beherrschten. Daher war Fuller selbst mit dem Meer und dem Globus vertraut, dessen Oberfläche nahezu von Ozeanen eingenommen ist. So ergab es sich, daß er einen polyedrischen Bezug für die Erdkugel erfand, der im Gegensatz zur traditionellen Kartographie stand; gleichzeitig schrieb er das Buch "Operating Manual for Spaceship Earth" (Anleitung zum Bau des Raumschiffs Erde).

Sein Bezug hat im allgemeinen die Gestalt eines Ikosaeders oder eines Kuboktaeders, denn abgesehen von der größeren Kraft und Schönheit dieser Form läßt sie sich leichter als eine Kugel auf einer Ebene ausbreiten.

Da er ständig in der Hoffnung auf Frieden, Glück und Reichtum für die gesamte Menschheit lebte, begann er, riesige ikosaedrische oder dodekaedrische Raumschiffe für seine Mitbürger zu entwerfen. So z.B. geodätische Kuppeln oder Fuller-Kuppeln oder „Buckys Blasen", so wie Platos dodekaedrisches Schiff des Kosmos.

In Bild ⓯ erscheinen eindrucksvolle sphärische Figuren.

Ein Exemplar ist entstanden aus der Unterteilung der Flächen eines sphärischen Ikosaeders durch geodätische Linien, die alle parallel zu den Kanten verlaufen, wie rechts außen im Bild zu sehen ist. Die andere, die mittlere Kugel, ergibt sich aus der Einteilung durch Senkrechten zu den gelben Kanten, die ihrerseits entfernt werden, wenn alle Senkrechten gezogen sind. Die größte Kugel in der Abbildung ist mit den beiden oben erwähnten Mustern ausgestattet.

In Wirklichkeit werden die Dreiecke immer kleiner und zahlreicher und der Radius wird immer größer.

Endlich, in naher Zukunft, wird es eine vollständige Kugel werden und in höchsten Sphären schweben. Eine kleine Ausführung ist bereits auf dem Gipfel des Berges Fuji, dem höchsten Berg Japans, installiert worden, so als drohte sie jeden Moment abzuheben.

Wenn man auf dem Raumschiff Erde nicht mehr leben können wird, werden die Menschen einige geodätische Kugeln bauen müssen in der Weite von ca. einem Kilometer pro Nacht, denn sie müssen ständig damit rechnen, daß der letzte Tag der Erde gekommen ist. Mit vereinten Kräften wird die Arbeit leicht sein, gemäß der Synergie, denn sie besteht aus dem Verbinden einiger kleiner, leichter Einheiten.

Nach Beendigung der Arbeit werden die Menschen ihre Produkte besteigen und auf den nächsten Morgen warten.

Genau bei Tagesanbruch wird ein Sonnenstrahl eindringen und die Luft in den Kugeln ein bißchen erwärmen. Dann wird ein Luftauftrieb die Kugeln erheben und sie werden gelassen in die Höhe fliegen.

Bild [11] zeigt ihre stattliche Erscheinung. Die größte, dunkle Kugel gewährt mit Hilfe eines sog. Fischauges (weitwinklige Linse) Einblick in ihr Inneres.

Das Leben in den Kugeln wird viel angenehmer sein als das gegenwärtige, und die Menschen werden berauscht sein von Frieden, Glück und Wohlstand.

Was in der Polyederwelt für Kepler der Krug der Pandora war, ist für Fuller die Arche Noah.

Chinesischer Hund mit einer geodätischen Sphäre vor Fullers Zeit. Sommerpalast, Peking, 18. oder 19. Jahrhundert.

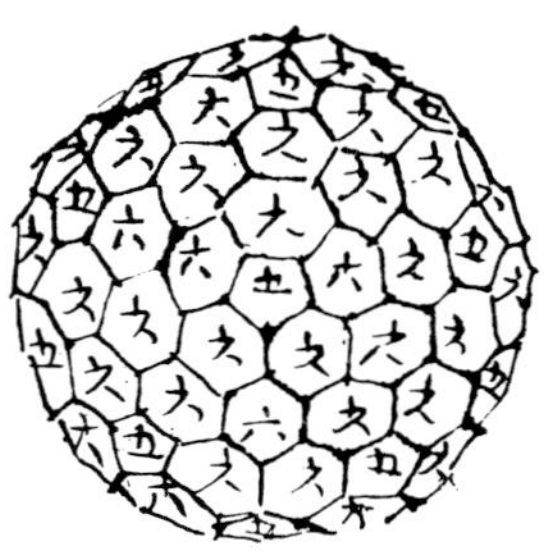

Zeichnung einer geodätischen Sphäre von Yasuaki Aida, vor Fuller. Aus „Sanpo-Kiriko-Shu" („Mathematische Polyeder-Kollektion"). 18. oder 19. Jahrhundert.

6
Kiriko, Mandala, Kosmos Geheimnis von Kukai

Die regulären Polyeder, die einen erheblichen Beitrag für die Harmonie in der Welt geleistet haben, müssen auch auf die Orientalen einen starken Einfluß ausgeübt haben.

Zu der Zeit vor Christi Geburt sagen die alten Chinesen in „Chun-Nan.Tzú", „Chuang-Tzú" usw., daß das Wort „Yü-Chou" (Universum) zusammengesetzt ist aus „Yü", was soviel bedeutet wie 3-dimensionaler Raum, und „Chou" mit der Bedeutung Zeit.

Bezüglich der Gestaltung des Universums existierten zwei Meinungen: Nach der einen bilden der kreisförmige Himmel und die quadratische Erde eine parallele Anordnung, nach der anderen sind beide konzentrische Sphären.

Im alten China herrschte die Ansicht, daß der chinesische Kontinent von zwei Göttern in Schlangengestalt geschaffen worden sei, Fu-I und Nü-Kua, wahrscheinlich ein Ehepaar.

Anhand vieler Relief-Portraits läßt sich zeigen, daß Fu-I ständig einen Zirkel und Nü-Kua einen Zimmermannswinkel trägt, um mit diesen Werkzeugen Himmel und Erde zu gestalten.

Fu-I mit einem Zirkel (rechts) und Nü-Kua mit einem Zimmermannswinkel.

„Goshikizuka"-Kofun, Kobe. Rekonstruktion aus dem 20. Jahrhundert.

Die Yin-Yang Theorie jener Zeit zieht den Schluß, daß der Zirkel als Kreis auf die Männlichkeit, den Himmel und die Sonne anspielt, während der Zimmermannswinkel als Quadrat ein Hinweis ist auf die Weiblichkeit, die Erde, den Mond usw. In diesem Zusammenhang sind die chinesischen fünf Elemente des Universums entstanden: Holz, Feuer, Erde, Metall und Wasser.

Die Japaner früherer Zeiten, gelehrige Schüler der Chinesen, wurden anscheinend durch solche Mythen beeinflußt. Zum Beispiel wurde der Begriff „TEN-EN-CHI-HO" häufig zur Erklärung des Universums gebraucht, es bedeutet kreisförmiger (EN) Himmel (TEN) und quadratische (HO) Erde (CHI). Gleichzeitig verwendet wurde das Wort „KI-KU": Kreis (KI) und Quadrat (KU), und zwar hauptsächlich in der Architektur.

Ein altes Grabmal eines Kaisers oder einer Kaiserin, „Ko-FUN", etwa aus dem 4. bis 7. Jahrhunderts (der Kofun-Ära in Japan) ist streng geometrisch aus Kreis und Quadrat gebaut (Bild 12).

Gigantische Exemplare mit Kreis und Quadrat in einer Reihe sind besonders typisch. Die größte Gruftenstätte der Welt, Kofun, wurde erbaut für Kaiser Nintoku und erstreckt sich auf ca. 500 000 m^2.

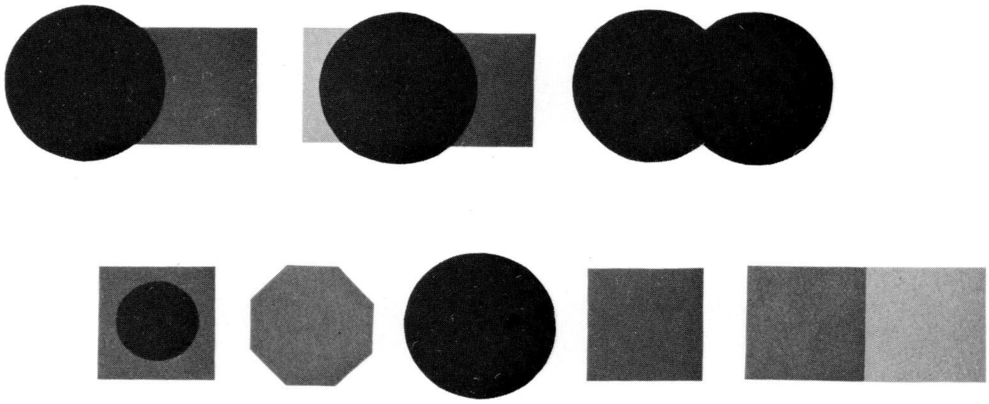

12
Kofun-Grundrisse (Grundrisse alter japanischer Grabhügel)

Laputa-Insel aus „Gullivers Reisen"

Kaaba in Mecca

Wegen ihrer kuriosen Erscheinung gibt es den Hinweis, daß Kreis und Quadrat rechts und links angeordnet sind, um den Himmel, die Welt nach dem Tod, sowie die Erde, die Welt vor dem Tod, zu repräsentieren.

Während der Kofun-Ära war der Buddhismus noch nicht nach Japan gelangt. Allmählich wandelten sich die religösen Vorstellungen zum Schintoismus mit buddhistischen Einflüssen.

Der Schintoismus benutzte Reliquienschreine als Gebetsstätten. Gott wurde nicht selten durch kreisförmige oder regelmäßige polygonale, vor allem durch regelmäßig achteckige Spiegel, manchmal auch durch kugelförmige Gegenstände, z.B. durch Temaris usw. symbolisiert. In den Haupthallen der Schreine wird sogar ein solcher Spiegel als Gott in die Mitte des Raumes gestellt. Außerdem werden auch immer ein kreisförmiger Spiegel und ein gerades Schwert rechts und links angebracht, so als ob Fu-I und Nü-Kua angedeutet werden sollen.

Im alten Japan hielt der Buddhismus, der sich zu Pythagoras' Zeiten in Indien entwickelt hatte, von China aus Einzug — Mitte des 6. Jahrhunderts.

Shotoku, ein japanischer Herrscher der damaligen Zeit, von dem gelegentlich behauptet wird, er sei wie Christus in einer Krippe geboren, benutzte den Buddhismus zu politischen Zwecken. Auf einigen Portraits späterer Künstler trägt er manchmal den Winkel eines Zimmermanns. Fast alle zu seinem Andenken erbaute Tempel haben den Grundriß eines regelmäßigen Achtecks, dargestellt auf der heutigen 10 000 Yen-Note. So bedauerlich es auch ist, man hat in Japan beschlossen, dieses Design 1985 zu ändern.

Während der Amtszeit Shotokus erlebte der Buddhismus eine Blütezeit, so daß viele Priester nach China gingen, um ihn dort besser kennenzulernen.

Der bekannteste von ihnen war Kukai (Kobo-Daishi), ein Priester, Künstler, Schriftsteller, Wissenschaftler aus dem 9. Jahrhundert.

Er ging nach China, um den esoterischen Buddhismus, der im 2. Jahrhundert in Indien entstanden war, zu studieren. Nach seiner Rückkehr verbreitete er den esoterischen Shingon Buddhismus (Shingon-Sekte), der die formale und graphische Darstellung des Universums besonders hervorhob.

Das Wort „Shingon" bedeutet, daß alle Wahrheit in der Spache oder Form der Dinge liegt.

Unter dem Schutz der damaligen Kaiser fand die Shingon-Sekte bei den Japanern weite Verbreitung. Viele Tempel als Stätten der Verehrung wurden gebaut. Zweistöckige Pagoden, die „Tahoto" mit einem quadratischen Grundriß für das untere Stockwerk als Erde und einem kreisförmigen Grundriß für das obere Stockwerk als Himmel, sind noch heute die typischen Wahrzeichen für jeden buddhistischen Pilger.

Die Kosmologie des esoterischen Buddhismus tauchte erstmalig in der „Kósa-Sāstra"-Schrift auf, die im Indien des 5. Jahrhunderts erstellt wurde:

Auf der oberen Fläche eines Zylinders breitet sich ein unermeßlich großer Ozean kreisförmig aus (Bild ⑯), dessen Durchmesser ungefähr das zehnfache Ausmaß der heutigen Sonne erreicht.

Mitten im Ozean erhebt sich ein kubisches Landstück als orientalisches Paradies, Sumeru, stellvertretend für den Mt. Everest. Er wird umgeben von sieben vierseitigen Bergketten, deren Breite und Höhe desto größer werden, je näher sie sich an Sumeru befinden. Im Umkreis der Bergketten gibt es vier Inseln, eine halbkreisförmige im Osten, eine regelmäßig dreieckige im Süden, eine kreisförmige im Westen und eine quadratische im Norden. Unsere menschliche Rasse lebt auf der regelmäßig dreieckigen Insel, nämlich in Indien südlich des Mt. Everest, an dem sieben unterirdische kubische Höllen untereinander hängen.

Es ist sehr interessant, daß Sumeru und die vier Inseln nach fünf (nicht vier) Elementen des Universums geschaffen sind, in der Tradition des alten Indiens: Sumeru als Würfel (Erde) wie Kaaba in Mecca, die heiligste Gebetsstätte des Islams, dann die westliche kreisförmige Insel als Wasser, die südliche regelmäßig dreieckige als Feuer, die halbkreisförmige östliche als Luft und die nördliche quadratische als Himmel.

Die Stadtplanung Pekings zeigt sich in besonderer Weise dem Stil solch eines geometrischen Universums verbunden, obwohl die Chinesen ursprünglich an fünf andere Elemente glaubten, wie oben erwähnt: Im Zentrum der Kaiserpalast mit einem nahezu quadratischen Grundriß, im Süden umgeben von dem Tempel der Erde mit einem quadratischen Grundriß, im Osten vom Tempel der Sonne mit einem kreisförmigen Grundriß und im Westen vom Tempel des Mondes mit einem halbkreisförmigen Grundriß.

Die Pläne der antiken japanischen Hauptstädte wie z.B. Nara und Kyoto mögen ähnlich ausgesehen haben, aber da sie unter der Erde begraben liegen, gibt es keine Beweise.

Eine kleine fünfstöckige Pagode, „Gorinto", aus dem 12 Jahrhundert – damals war Kyoto die Hauptstadt –, die man ausgegraben hat, weist allerdings deutliche Strukturen des Universums im Sinne der indischen fünf Elemente auf.

Man baute die Pagode aus Stein, Holz, Kupfer, Kristall usw.; sie lebt sogar heute in Grabsteinen, Gedenkstätten u.a. weiter.

Die Pagode besteht aus fünf Blöcken, von unten nach oben: einem kubischen, einem kugelförmigen, einem quadratisch-pyramidischen, einem halbkugelförmigen und einem kastanienähnlichen Block. Traditionellerweise hat man in diese Blöcke die Sanskrit-

Tempel des Himmels.
Peking. 19. Jahrhundert

Buddha-Gestaltung nach einer Gorinto-Pagode

Dreieckiger Gorinto-Grabstein Chogens (rechts), 13. Jahrhundert und ein gewöhnliches Gorinto (links). Todai-ji-Tempel, Nara.

Fruchtbarkeitsmandala (oben) und Diamant-Mandala. Zeichnung von Kaiun Tatebe, einem modernen Priester, 20. Jahrhundert.

Schriften oder chinesischen Zeichen eingemeißelt, die der Reihe nach Erde, Wasser, Feuer, Luft und Himmel bedeuten.

Vereinzelt trägt jeder Block in einer bestimmten Reihenfolge auch die Farben gelb, weiß, rot, schwarz und blau.

Woher die Vorliebe für solche Konstruktionen rührt, darüber gibt es die verschiedensten Meinungen. Einerseits sieht man in einer Pagode des alten Indien das Vorbild, andererseits im menschlichen Körper, von unten nach oben: Bein, Bauch, Brust, Gesicht und Kopf.

Manche Historiker, Mayumi, Takizawa usw. vertreten jedoch eine andere Auffassung bezüglich ihrer Bedeutung, nämlich die, daß sie die fünf Platonischen Körper übereinandergetürmt symbolisieren (Bild ⓱, Mitte), von unten nach oben: Würfel, Ikosaeder, Tetraeder, Oktaeder und Dodekaeder.

Chogen, ein exzentrischer Priester aus dem 12. Jahrhundert – der Entstehungszeit des Gorinto – bevorzugte das sog. „trigonale Gorinto", das anstelle des Feuer-Blocks ein exaktes Tetraeder aufweist. Auch sein von ihm selbst entworfener Grabstein im Todaiji-Tempel (Nara), einem gigantischen hölzernen Bauwerk, ist ein dreieckiges Gorinto.

Ein aus einem dünnen Brett gemachtes Phantom solch eines Gorinto nennt man „Stupa", das man sogar noch heute als vereinfachtes Gorinto hat. Einige Beispiele sind auf beiden Seiten des Bildes ⓱ aufgeführt; obwohl sie sich in ihrer Erscheinung gewöhnlich nicht von diesen unterscheiden, sind sie länger als die in der Abbildung und farblos.

Wenn eine Stupa in fünf geometrische Bestandteile zerlegt wird, ergeben diese das Landstück Sumeru mit den vier Inseln (Bild ⓰).

Der Mandala, ein wichtiger Altarteil des esoterischen Buddhismus und in Japan durch Kukai bekannt, repräsentiert auch solche ebenen Figuren.

Das Wort „Mandala" bedeutet eine Sammlung elementarer oder essentieller Dinge. Den formgerechtesten Mandalas wird paarweise gehuldigt. Ein Paar besteht aus dem Fruchtbarkeitsmandala, der die der Weiblichkeit eigene wirkliche und physische Welt darstellt, und dem Diamant-Mandala, der die der Männlichkeit eigene ideelle und geistige Welt verkörpert.

Im Zentrum der mittleren Abteilung des Fruchtbarkeitsmandalas sitzt innerhalb einer achtblättrigen Lotusblüte Vairocana als Sonne und Kern des Universums. Dieser Teil soll insgesamt das Element Erde – ein gelber Würfel – darstellen.

Zur Linken posieren die Göttinen der Gnade mit Lotusblüten. Es wird manchmal behauptet, sie stünden in Beziehung zum Wasser, einem weißen Ikosaeder.

Oberhalb Vairocanas pflegte man ein kleines gleichseitiges Dreieck als Herz Buddhas zu malen, um die Phantasie der Betenden anzuregen. Möglicherweise steht es für das Element Feuer, ein rotes Tetraeder.

Zur Rechten Vairocanas ermahnen furchterregende, vielarmige Buddhas den Gläubigen, umgehend zu einer spirituellen Haltung zu kommen. Möglicherweise spielen sie die Rolle des Elementes Wind, eines schwarzen Oktaeders.

Unterhalb Vairocanas schließlich präsentiert sich das Universum bzw. der Himmel, Träger der restlichen vier Elemente. Der in der Mitte sitzende Buddha hält gelegentlich vier eng zusammengefügte kastanienförmige Edelsteine. Sein Name Akasāgarbha bedeutet so viel wie ein Warenhaus, das nichts anderes als den leeren Himmel enthält, d.h. das Luftschiff des Universums, ein blaues Dodekaeder. In den hundert oder tausend Händen eines jeden links und rechts plazierten Buddhas liegen die verschiedenen, das Universum gestaltenden Dinge. Ihre Hände mögen dennoch nicht zahlreich genug sein, um den gesamten Kosmos strukturieren zu können!

Auf der anderen Seite ist der Diamant Mandala aus neun Sektionen zusammengesetzt, die alle von Quadraten und Kreisen dominiert werden.

Jede Sektion ist eine Imitation der mittleren, in dessen Zentrum Vairocana inmitten der vier Buddhas sitzt. Dieses Motiv wird im Teil- sowie im Gesamtarrangement ständig wiederholt, allerdings mit verschiedenen Bedeutungen und Botschaften. Alle genau zu verstehen, bereitet Schwierigkeiten.

Komischerweise beziehen sich fast alle Buddhas auf die fünf Elemente und damit auf die Platonischen Körper. Man würde das „reguläre Mandala Polyeder" erhalten (Bild ⓲), wenn jeder Buddha durch das jeweils zugehörige Polyeder ersetzt würde.

Normalerweise hängen die Mandalas in der Dunkelheit eines Heiligtums und werden selten dem Licht der Öffentlichkeit ausgesetzt.

Ein „Kiriko-Doro", eine kuboktaederförmige Lampe beleuchtet solche Mandalas im Geheimen. Im früheren Japan bedeutete „Kiriko" ein Polyeder schlechthin, in späteren Zeiten erwies es sich aber speziell als Kuboktaeder.

Gemäß einer aus dem 13. Jahrhundert tradierten Sitte hängt diese Lampe nur während des Bon-Festes Mitte August zum Gedenken an die Toten an dem bedeutungsvollsten Ort im Tempel. Den Grund kennt niemand. In Korea, dem Japan nächstgelegenen Land, spielt eine Rhombikuboktaeder-Lampe eine nicht unwichtige Rolle.

Laut Heron studierte Plato das Kuboktaeder im Zusammenhang mit den regulären Polyedern. Unter diesen Umständen könnte man dem ersteren einige bedeutende Aspekte abgewinnen.

Die mit der Brillanz der Sonne vergleichbare Kraft Vairocanas wird in Japan von dem Einfluß Platos fast noch übertroffen.

Tausendarmiger Buddha. Toshodai-ji-Tempel, Nara, 8. Jahrhundert.

Auf dem Bon-Fest verwendete Kiriko-Doro-Laternen. Akimoto-Schrein, Kyoto, 1982.

Rhombikuboktaederförmige Laternen des Bon-Festes in Korea, 1982.

7
Synergetik
Formel von Fuller

Von Toshitura Doi, einem japanischen Nobelmann, skizzierte Schneeflocken („Bilder-Kollektion von Schneeflocken"), 19. Jahrhundert.

Traditionelle japanische Verzierungen aus regelmäßigen fünfeckigen Blüten, Pflaumenblüten (die oberen vier) und Kirschblüten (die unteren vier).

Menschen, die sich in besonderem Maße für das unendlich große Universum interessieren, interessieren sich gleichermaßen für die unendlich kleine Welt der Moleküle, Atome oder Elementarteilchen und versuchen, sie bis ins letzte zu begreifen.

Die Priester des alten Indien, deren Vorstellungen über den Makrokosmos in der „Kósa-Sāstra"-Schrift aus dem 5. Jahrhundert niedergelegt sind, besaßen ebenfalls ein ausgeprägtes Interesse an der mikrokosmischen Welt.

Gemäß dieser Schrift besteht jegliche Materie der Welt aus winzigen Korpuskeln undeutlicher, weder kreisförmiger noch quadratischer, unsichtbar kleiner Figuren.

Sieben dieser Korpuskeln bilden zunächst eine aus Senkrechten bestehende Gruppe wie drei Koordinatenachsen im 3-dimensionalen Raum (Bild ⓳). Als nächste sammeln sich sieben dieser Gruppen in ähnlicher Weise und bilden dann eine größere Anhäufung aus 49 Korpuskeln.

Bei insgesamt siebenmaliger Wiederholung dieser einander ähnlichen Prozesse wachsen ungefähr 820 000 Korpuskeln zu einer großen baumartigen Gestalt. Erst in diesem Stadium wird dieselbe als ein beliebiges Element des Universums erkennbar.

Eine solche mikroskopische Welt kann man aus **Kugeln** entwerfen, vergleichbar mit dem Pythagoreischen Entwurf einer mikroskopischen Welt aus **Kreisen**.

Die Philosphen der Vaiśesika Schule, in der Zeit vor Christi Geburt bekannt, wählten z.B. Kugeln und keine regulären Polyeder zur Gestaltung der vier Elemente und in der Variation ihrer Anordnung entdeckten sie verschiedene Aspekte der Natur.

Keplers wissenschaftliche Abhandlung über Schneeflocken zu Beginn des 17. Jahrhunderts, die entscheidend für empirische Untersuchungen mit Atomen und Molekülen der Materie gewesen sein soll, beruht ebenfalls auf Anordnungen gleichgroßer Kugeln.

Keplers nicht allzu leistungsfähigen Augen wurden, während sie am weit entfernten Ende des Makrokosmos nach der kosmischen Schale Ausschau hielten, eines Tages von einer Schneeflocke, die von dort oben herunterfiel, angezogen.

Etwa 40-jährig schrieb er als Neujahrsgeschenk für seinen Patron die Abhandlung „Über sechseckige Schneeflocken".

Darin versuchte er das Rätsel zu lösen, warum **Schneeflocken** regelmäßig **sechseckig** sind, während die meisten **Blumen** — obwohl gleich schön — regelmäßig **fünfeckig** sind.

Seine Schlußfolgerung geht dahin, daß er den Grund nicht herausfinden konnte und die Meinung des Lesers abwarten möchte.

13
Konzept des Fullerschen Universums

Kepler vermutete zuerst zwei Arten ebener Anordnungen von gleichgroßen Kugeln bei Kondenstropfen des Wasserdampfes. Die einen erschienen in der Form eines gleichseitigen Dreiecks, die anderen als Quadrate.

Er fügte sie dann in zwei Schichten zusammen und bekam zwei Arten einer Kugelanordnung, wobei jede Kugel mindestens vier andere berührt: die kubisch-gitterförmige Anordnung und die **dichteste Kugelpackung**.

Letztere verfügt von allen Kugelanordnungen über die größte Anzahl von Kugeln in einer räumlichen Einheit, wie der Name schon sagt. Bild 13 zeigt eine Zusammensetzung nach Art der Pythagoreischen Tetraktys.

Er sagt dann weiter, daß die mit Schneeflocken in Verbindung stehende Kugelanordnung auf den Typus des kubischen Gitters zurückzuführen sein müsse. Denn die Tropfen warmen Wasserdampfes flögen hoch am Himmel, ohne ihre Beziehung zueinander zu verändern, wobei sie Lücken bilden, die ihrer Gestalt so genau wie möglich ähneln. Nichtsdestoweniger weisen die Zwischenräume der dichtesten Kugelpackung Unregelmäßigkeiten in ihren Formen auf. Außerdem ist ein Würfel die passende Gestalt für den Wasserdampf, der von Platos Erde aufsteigt.

Die kalte Luft der höheren Regionen dringt nun in die Lücken ein und absorbiert jeden Tropfen in der Nähe größerer Lücken, bis von jedem Tropfen nur noch drei zueinander senkrechte Durchmesser übrigbleiben, die fähig sind, im 3-dimensionalen Raum zu treiben; und sobald sie zu Boden fallen, entstehen aus ihnen die drei Diagonalen des regelmäßigen Sechsecks.

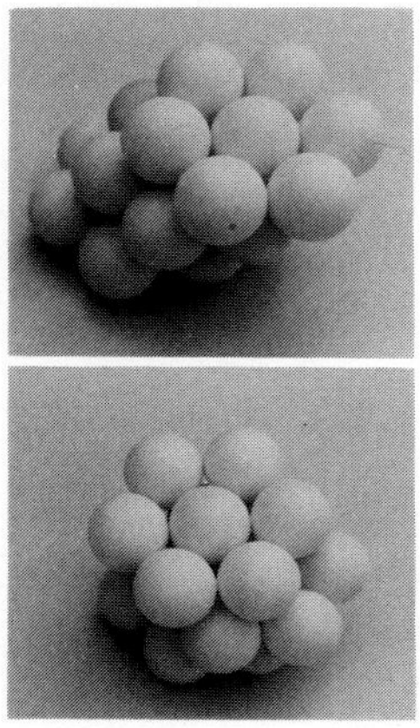

Zwei Arten der dichtesten Kugelpackung, wobei die Position der dritten Schichten unterschiedlich ist.

21 ▶

Honigwabe aus nur einer Form von 18-Flächnern (unten) und die Entwicklung seiner Einheiten. Nach Heinz-Dieter Löckenhoff und Erwin Heller.

22 ▶

Honigwaben aus regulären und halbregulären Polyedern. Alle gleichfarbigen Einheiten sind von gleicher Gestalt. Die Figuren der linken Hälfte sind folgendermaßen entstanden: reihenweise von oben nach unten, aus ausschließlich regulären Polyedern, aus regulären Polyedern und Archimedischen Körpern (zweite und dritte Reihe), aus ausschließlich Archimedischen Körpern (vierte und fünfte Reihe) und aus Archimedischen Körpern sowie Archimedischen Prismen. Die mit einem Sternchen gekennzeichneten sind Andrenische Waben. Die Figuren der rechten Hälfte stammen von Archimedischen Prismen einschließlich der Würfel (bis zur vierten Reihe) und aus vier verschiedenen Einheiten einschließlich des Pseudo-Rhombikuboktaeders.

23 ◀◀

Struktur der Fullerschen A- (linke Seite) und B- (rechte Seite) Quantenmodule. Die Entwicklung ist jeweils zu oberst demonstriert, darunter die jeweilige äußere Erscheinung samt Spiegelbild.

㉑

㉓

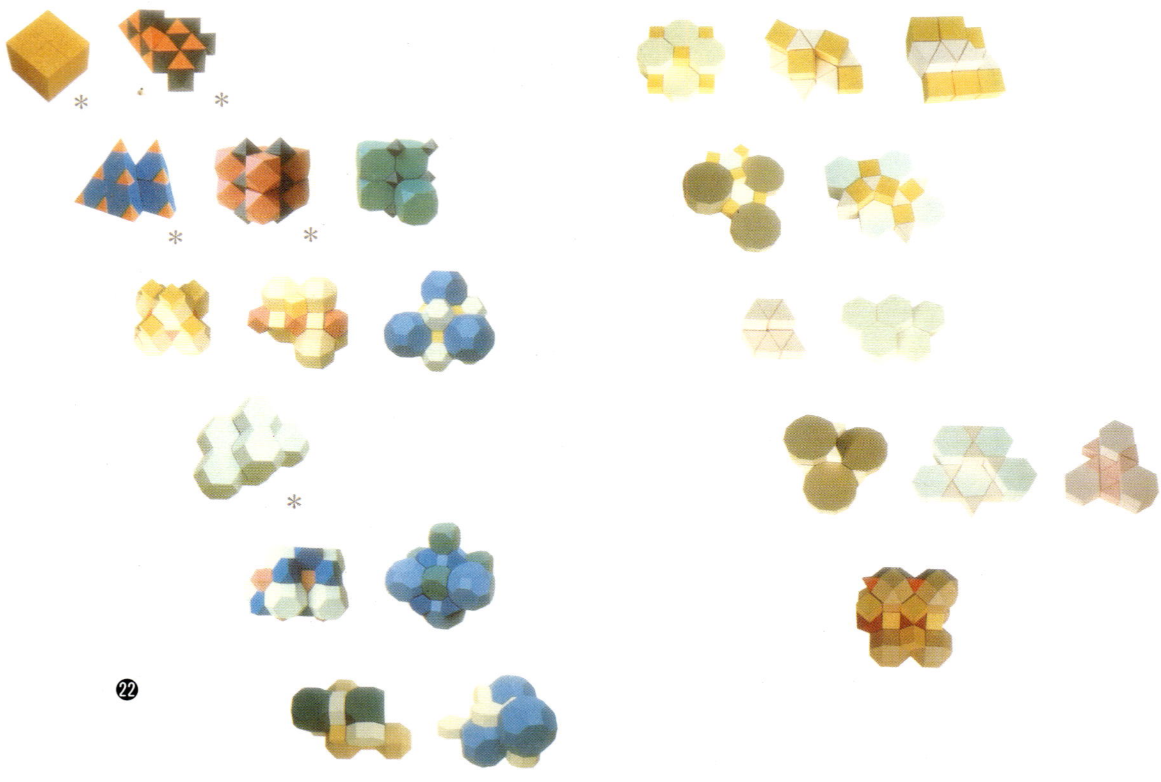

㉒

24

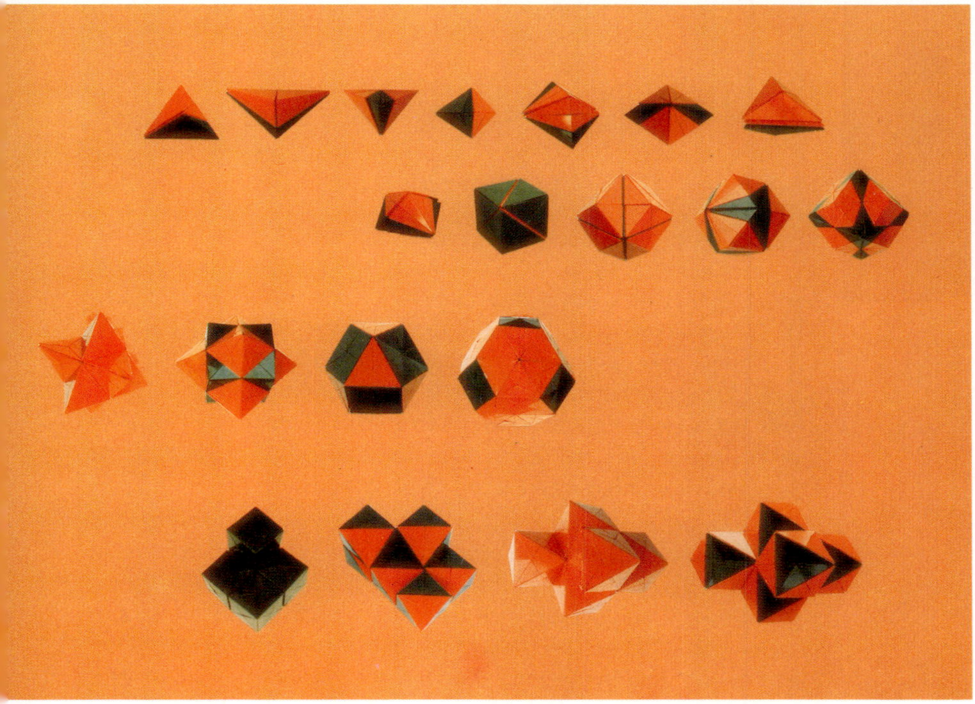

25

26

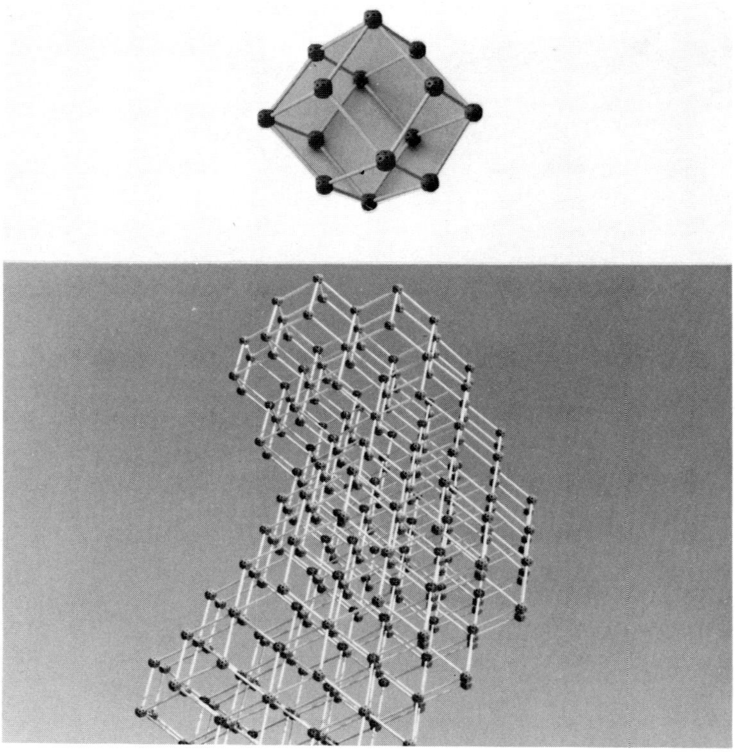

14
Rhombisches Dodekaeder (oben) und rhombisch dodekaedrisches Gitter

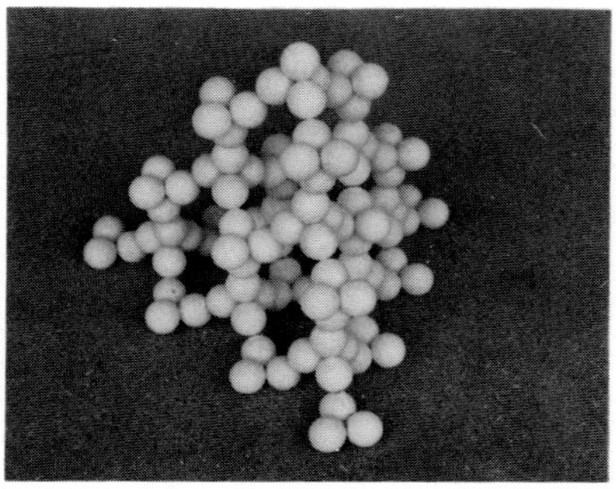

Die loseste Kugelpackung, eine regelmäßige tetraedrische Kugelanordnung an jeder Ecke eines rhombisch dodekaedrischen Gitters.

◀24
Formen der Kunst und Natur in Fullers Universum

◀25
Konstruktion raumfüllender Polyeder aus Quantenmodulen. Die ersten beiden Reihen zeigen verschiedene Raumfüller. Die dritte Reihe ein gestutztes Oktaeder (rechts) und in ihm vorkommende Polyeder. Die untere Reihe (von links nach rechts) eine polykubische Honigwabe, ihr Schnitt eine oktaedrisch tetraedrische Honigwabe und ihre Innenansicht.

◀26
Abstraktionen Platos und Aristoteles' als Entwicklungsstadium des Raumfüllungsprozesses durch Quantenmodule.

Von diesem Standpunkt aus gesehen scheint die Erde den Würfel und das Sechseck zu bevorzugen. Auch die Blumen sind davon betroffen: eine Lilie verbirgt ihre Zwiebel tief im Innern der Erde und ihre Blüten erscheinen in einem regelmäßigen Sechseck, während eine Apfel- oder eine Magnolienblüte hoch am Himmel und weit vom Erdboden entfernt regelmäßig fünfeckig gestaltet sind.

Im Laufe der Zeit aber gesteht Kepler, daß es unter den Kristallen und Mineralien, die tief im Erdinnern verborgen sind, auch einige Exemplare mit fünfeckigen Flächen gibt, wie z.B. Pyrit.

Obwohl echte Honigwaben oder die Samen des Granatapfels ein regelmäßig sechseckiges Profil zeigen, sind sie anscheinend doch nicht dem kubischen Gittertypus, sondern der dichtesten Kugelpackung zuzurechnen. Denn bei der dichtesten Kugelpackung bilden die sich berührenden Flächen aller Kugeln durch ihre jeweiligen Kontaktpunkte eine Raumzerlegung rhombischer Dodekaeder (Bild 14), aus jeweils zwölf kongruenten Rhomben mit dem Diagonalverhältnis $1 : \sqrt{2}$. Die Struktur des Granatapfelsamens oder der echten Honigwabe erhält man durch bloße Verlängerung der jeweils sechs parallel zueinander verlaufenden Kanten.

Ein Würfel sowie sein Zwillingskörper, ein Oktaeder, lassen sich in dieses rhombische Dodekaeder (Bild 16, Mitte) einbeschreiben. Unter diesem Aspekt könnte ein rhombisches Dodekaeder einen Bezug zu Schneeflocken haben.

[15]
Modell einer natürlichen Honigwabe

Auf der anderen Seite kann man ein Dodekaeder und seinen Zwillingskörper, ein Ikosaeder, in ein rhombisches Triakontaeder (Bild [16], rechts) einbeschreiben. Letztgenanntes besteht aus dreißig kongruenten Rhomben mit einem Diagonalverhältnis von 1 : 1,618. Es hat möglicherweise eine Verbindung zu regelmäßig fünfeckigen Blüten.

Die verbleibende Figur in Bild [16] zeigt Keplers „Stella Octangula", die einem Würfel einbeschrieben ist und zwei selbst-duale Tetraeder umfaßt. Sie steht gewiß in Beziehung zu einem Stern.

Zusammenfassend kann man sagen, daß die Familie der Würfel in mancher Hinsicht mit sechseckigen Schneeflocken in Zusammenhang gebracht werden kann, die der Dodekaeder mit fünfeckigen Blüten.

Dennoch liegen Schneeflocken ausgebreitet in einer Ebene und bilden keine Körperflächen eines Polyeders. Warum?

Wahrscheinlich, weil Sechsecke, wie zahlreich sie auch zusammentreffen mögen, generell keine konvexen Polyeder bilden können und eine Schneeflocke sich gezwungenermaßen ebenflächig nach dem Muster der Pythagoreischen Mosaike aus Sechsecken verbreiten muß.

Aber warum sind unter diesen Umständen die Schneeflocken nicht gleich groß?

Es mag sein, daß alles Gottes Werk ist.

Wie dem auch sei, Kepler hinterließ uns einen Schlüssel zur experimentellen Beobachtung der mikroskopischen Welt der Moleküle oder Atome, die sich seitdem Stück für Stück wie eine Seifenblase erweitert hat. Und seine Betrachtung der Natur, basierend auf der dichtesten Kugelpackung, wurde zur Grundlage der ultramodernen Sichtweise Fullers, der im Begriff war, die gewaltigen geodätischen Kuppeln oder „Buckys Blasen" hochzutreiben.

Nach seinem Werk „Synergetics" ist das gesamte Universum erfaßbar durch die dichteste Kugelpackung winziger gleichgroßer Kugeln als Maßeinheit für Energie.

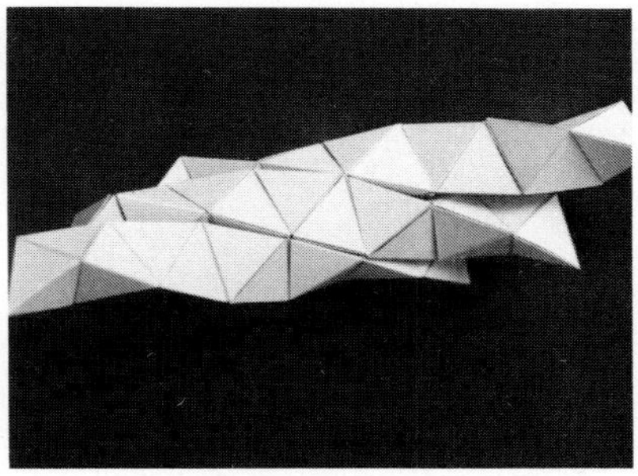

Von Fuller konstruierte Molekularstruktur der DNS. Diese verdrehte DNS mag der Fuller-Familie angehören.

(27) ▶
Das Universum der Polyeder

(28) ▶
Zusammensetzungen von Sattelpolyedern. Die blaue Gruppe auf der linken Seite ist aus einem kubischen Gitter abgeleitet, die mittlere grüne Gruppe aus einem oktaedrisch-tetraedrischen Gitter und die rote Gruppe auf der rechten Seite aus einem rhombisch dodekaedrischen Gitter. In der oberen Reihe sind die Polyedereinheiten (jeweils rechts) sowie die Flächeneinheiten (jeweils links) aufgeführt. Nach Michael Burt.

(29) ▶
Zwei Beispiele von Toroiden mit einem Durchgang, entstanden aus konvexen Polyedern mit regelmäßigen Polygonen gemäß Bild (12). Die Außen- bzw. Innenenansichten sind jeweils links und rechts zu sehen. Nach Bonnie Stewart.

27

28

29

31

30

31

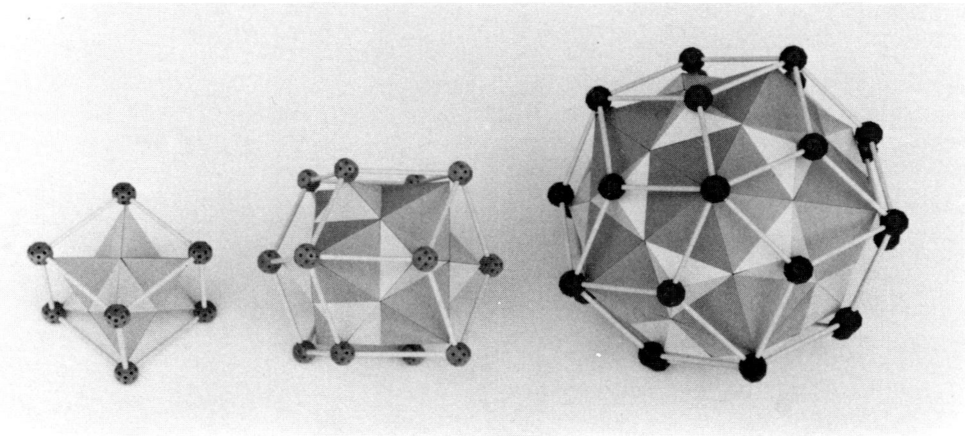

16

Von links nach rechts: In einen Würfel einbeschriebene, zueinander duale reguläre Polyeder. Ferner, rhombisches Dodekaeder und rhombisches Triakontaeder.

Den aus fünf parallelen Schichten bestehenden Teil der dichtesten Kugelpackung in Tetraedergestalt (Bild 13) hält man für die grundlegendste Form in der Natur, ähnlich der Pythagoreischen Tetraktys, denn beide haben ein Herz in ihrem Mittelpunkt.

Bei Betrachtung eines andersartigen Teils der dichtesten Kugelpackung werden wir feststellen, daß Kugellagen von zwölf, zweiundvierzig, zweiundneunzig usw. Kugeln die mittlere Kugel umgeben. Das Erscheinungsbild jeder einzelnen Kugellager ist stets ein Kuboktaeder (Bild 17).

Während sich das Universum mit enormer Geschwindigkeit ausbreitet, bewahrt es immer seine Gestalt eines Kuboktaeders, ein „Vector Equilibrium", bei dem die Strecke zwischen Körpermittelpunkt und jeder Ecke gleich jeder Kantenlänge ist. Für Fuller hat das Universum nicht die Gestalt eines Dodekaeders, sondern die eines Kuboktaeders.

Sollten hieran Zweifel bestehen, sehen wir uns den Mikrokosmos des schwersten modernen Elements, die Struktur des Uran an. Es müßte aus drei Lagen dicht gepackter Kugeln bestehen, die eine mittlere umgeben (vgl. Bild 17), so daß von außen gesehen zweiundneunzig Kugeln ein Kuboktaeder bilden.

Daher hat Uran die Ordnungszahl 92, die Anzahl der Neutronen, die Summe der Kugeln mit Ausnahme der mittleren, beträgt 146 (= 12 + 42 + 92) und das Atomgewicht beläuft sich auf 238 (= 92 + 146).

Komplexere Naturerscheinungen lassen sich folgendermaßen erklären:

Eine aus dreizehn Kugeln bestehende dichteste Packung hat in der Gestalt des Kuboktaeders das Herzstück im Mittelpunkt. Würde das Herz entfernt, wäre das Ende allen Lebens in der Natur abzusehen.

Die in diesem Fall verbleibenden zwölf Kugeln denken wir uns an den Ecken eines Ikosaeders. Ist es nicht so, daß gefährliche Viren in diesem Stadium zum Leben erweckt werden?

Im zweiten Schritt werden jeweils zwei Kugeln zu einer reduziert, so daß von den zwölf Kugeln sechs übrigbleiben, die an die sechs Ecken eines Oktaeders gesetzt werden. Kristallisiert in diesem Stadium nicht der anorganische Diamant?

◀31

◀30
Endstadium der Sternformung eines Dodekaeders. Zwei stereoskopische Bilder, aus der Nähe betrachtet – sie erzeugen Tiefenwirkung.

◀31
Sternformung von Dodekaedern. Die mit einem Sternchen gekennzeichneten sind die ursprünglichen Dodekaeder, die mit einem runden Punkt gekennzeichneten die sternförmigen Dodekaeder, die mit einem Dreieck markierten die großen Dodekaeder und die mit einem Viereck markierten die großen sternförmigen Dodekaeder. Die verstreuten Teilchen entstehen während des Prozesses der Sternformung.

In einem anderen Prozeß werden jeweils drei Kugeln des oben genannten Ikosaeders zu einer reduziert, so daß man aus zwölf Kugeln vier erhält, die man an die vier Ecken eines regelmäßigen Tetraeders, dem Grundelement der Natur, setzt.

Also, ernstzunehmenden synergetischen Erkenntnissen entsprechend, kann die Natur stets in ganzen Zahlen, gemäß den Zahlen der Kugeln, dargestellt werden.

Irrationale Zahlen tauchen nirgends auf. Von Anfang an muß sich die Natur so einfach wie möglich gestaltet haben. Wasser hat die Summenformel H_2O, nicht $H_\pi O$. Irrationale oder transzendente Zahlen — wie $\sqrt{2}$ und π — sind nur die Ausbrut des Luftschlosses Mathematik.

Nach Fuller ist ein Punkt als unendlich kleines Tetraeder mit vier Kugeln zu betrachten; eine gerade Linie als Zick-Zack-Linie, wenn sie an fortlaufenden Kanten solcher Tetraeder verläuft: sie sieht aus wie ein schwächer werdender Lichtstrahl. Zwei solche Linien werden dann derart miteinander gekreuzt, daß sie an ihrem Schnittpunkt ein Tetraeder in Form eines Punktes bilden. So gesehen ist 1 + 1 = 4.

Überträgt man diese Betrachtungen auf die Koordinatenachsen, ergibt sich zwangsläufig ein oktaedrisch-tetraedrisches Gitter durch Verbinden der Kugelmittelpunkte mit den oben erwähnten Linien in der dichtesten Packung.

Die Winkelgröße 60° sowie gleichseitige Dreiecke spielen daher in Fullers Universum eine entscheidende Rolle. Die rechtwinkligen Koordinatenachsen mit ihren 90°-Winkeln sowie Quadrate dienen nur als Gerüst für ein Luftschloß, eben Mathematik.

Bild 18 zeigt ein einlagiges, die Erde bedeckendes oktaedrisch-tetraedrisches Gitter, das seinerseits von der dünnsten „Wolke" — definiert von einem traditionellen Mathematiker — bedeckt wird. Die dünnste „Wolke" ist eine zweilagige dichteste Kugelpackung mit der geringstmöglichen Weite, so daß parallele Sonnenstrahlen einer konstanten Richtung ausgeschaltet werden.

Selbst eine Wolke ist bestimmt durch die dichteste Kugelpackung und die Winkelgröße 60°.

Was soll nun aber mit den Lücken zwischen den dichtest gepackten Kugeln im Fullerschen Universum geschehen?

Fuller, der niemals zu verunsichern ist, hält dem entgegen, daß sich in den Zwischenräumen konkave oktaedrische und kuboktaedrische Körper befinden. Einige ihrer Flächen sind Teile der Oberflächen gleichgroßer Kugeln, wobei das Innere nach außen gekehrt ist, wie in Bild 20! Sphärische kuboktaedrische Ketten erscheinen auf jeder Oberfläche dichtest verpackter Kugeln, so daß sie einander halten und nicht auseinanderfallen.

Die Gestalt des Universums ist also wirklich ein Kuboktaeder, kein Dodekaeder.

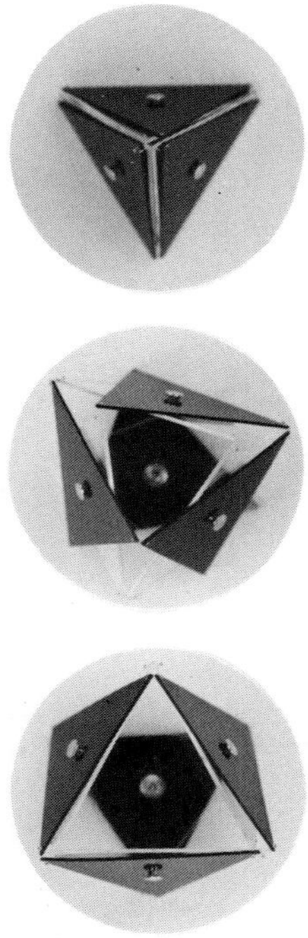

Transformation eines Tetraeders in ein Oktaeder als Fullers „Jitterbug". Darstellung von Joe Crinton, einem Fuller-Schüler.

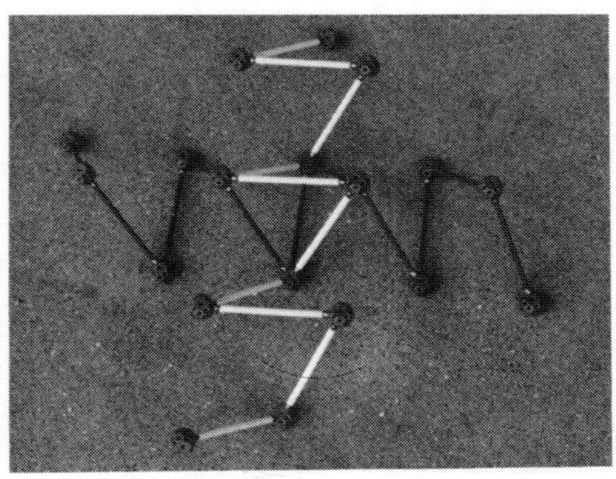

1 + 1 = 4. Nach Fuller. Eine Linie zeigt die Wellenlinearität eines Sonnenstrahls. Miteinander gekreuzt bilden zwei Linien ein Tetraeder.

17

Konstruktion einer Molekularstruktur des Uran, nach Fuller. Von links nach rechts, mittlere Kugel, 12 Kugeln der ersten Schicht, 42 der zweiten und 92 Kugeln der dritten Schicht. Sie erweisen sich stets als kuboktaedrische Erscheinungen.

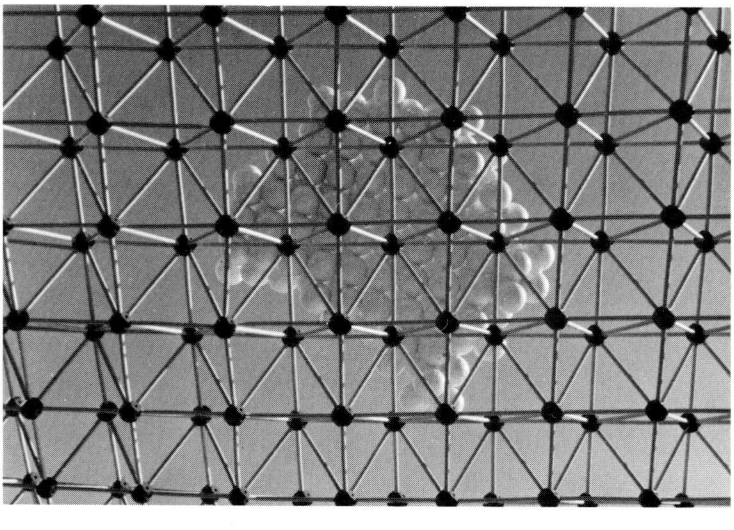

18

„Dünnste Wolke" über einem oktaedrisch-tetraedrischen Gitter

8
Aufschichtung von Blocksteinen
Ein Spiel von Kelvin

Laut Plato und Fuller ist das Universum möglicherweise mit Polyedern ausgefüllt.

Einige Wissenschaftler, speziell Mineralogen und Chemiker halten daher die **raumfüllenden Polyeder** für angemessen bei der Analyse der Natur. Bild ㉑ zeigt eine solche Raumfüllung mit nur einer Art von Achtzehnflächnern. Sie ähnelt einem Felsbrocken, wie man ihn in der Natur finden kann.

Polyeder erreichen in Gruppen größere „Kraft" als allein.

Man nennt eine lückenlose, unendlich fortsetzbare Zusammensetzung von Polyedern, Fläche an Fläche aneinandergefügt, „Honigwabe"; und ein Polyeder, das – in unendlich vielen Exemplaren genommen – eine solche Honigwabe bilden kann, heißt **Raumfüller**.

Geht man einmal von der Legende aus, daß Pythagoras bereits die zwei Arten von Honigwaben kannte, die nur aus regulären Polyedern gebildet sind, nämlich die polykubische Honigwabe ausschließlich aus Würfeln und die oktaedrisch-tetraedrische Honigwabe aus Tetraedern und Oktaedern. In Anlehnung an dieser Legende kritisierte Aristoteles Plato, indem er sagte, daß in Platos Kosmos, bestünde er lediglich aus regulären Polyedern, nur **zwei** Formenvariationen möglich wären.

Wenn man nun von der archimedischen Konstruktion eines lückenlos mit Polyedern gefüllten Universums ausgeht, so erhebt sich die Frage, welche Formen eigentlich möglich sind.

Bild ㉒ zeigt verschiedene Honigwaben aus regulären und halbregulären Polyedern, wobei identische Teile gleichfarbig gehalten sind.

Die fünf mit einem Sternchen markierten Figuren werden gelegentlich Andrenis-Honigwaben genannt. Ihre Beschaffenheit um die Kanten herum ist in jedem Fall konstant.

Diejenige unter ihnen, die nur aus gestutzten Oktaedern besteht (im Bild in der vierten Reihe der linken Hälfte), hat – konstantes Volumen vorausgesetzt – die kleinste Oberfläche von allen Figuren dieser Abbildung.

Diese ist unmittelbar abzuleiten aus der dichtesten Kugelpackung, wenn jede Kugel in ihrer Position aufgeblasen wird. Lord Kelvin untersuchte typische Phänomene dieser Art. Aus diesem Grund wird ein gestutztes Oktaeder auch manchmal Kelvinscher Körper genannt. Nach der Angabe des Guinness-Buchs der Rekorde besuchte Kelvin im Alter von 10 Jahren bereits die Universität, mit anderen Worten, er verinnerlichte größtmögliches Wissen unter kleinstmöglicher Oberfläche.

Dschungel-Komplexe als Honigwaben aus Tetraedern und gestutzten Tetraedern (oben), sowie Oktaedern und Kuboktaedern.

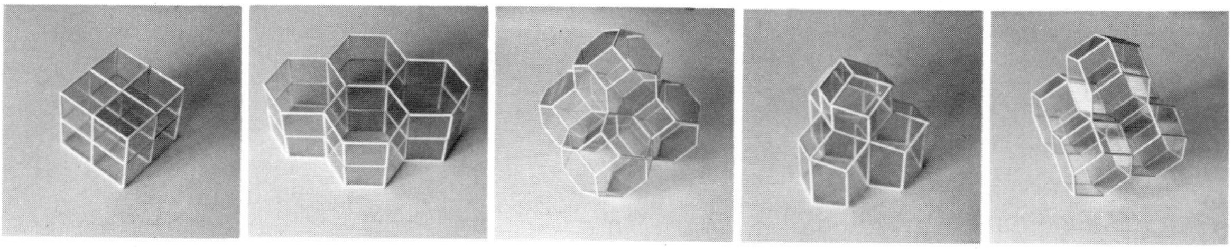

19

Parallelflächner. Von links nach rechts, ein Würfel, ein reguläres sechsseitiges Prisma, gestutztes Oktaeder, rhombisches Dodekaeder und verlängertes rhombisches Dodekaeder.

Zonoeder mit 132 Flächen

Eigentlich sind die Figuren in Bild 22 zu zahlreich für den einfach strukturierten Kosmos. Der Kristallograph E. S. Fedorov, der die elementare Algebra im Alter von 5 Jahren beherrschte, komprimierte die Figuren zu nur fünf Paralleloedern, wobei er seine Aufmerksamkeit darauf richtete, daß sich alle Honigwaben in Bild 22 durch Parallelverschiebung periodisch fortsetzen.

Einen konvexen Raumfüller, dessen verschobene Exemplare derart längs ganzer Seitenflächen aneinandergefügt werden können, daß sie den durch parallele Flächenverschiebung nur einer möglichen Formeinheit ganzen 3-dimensionalen Raum überdecken, nennt man **Paralleloeder**. Es gibt genau fünf Typen von Paralleloedern, die in Bild 19 zu sehen sind: Würfel, regelmäßiges sechsseitiges Prisma, gestutztes Oktaeder (Kelvinscher Körper), rhombisches Dodekaeder und verlängertes rhombisches Dodekaeder.

Gemäß ihrer Fähigkeit zur Parallelverschiebung können alle Figuren aus Bild 22 in diese fünf Typen eingeteilt werden.

Die äußere Erscheinung der Paralleloeder ist variabel. Zum Beispiel kann ein Würfel in jedes Rhomboeder transformiert werden, ein regelmäßiges sechsseitiges Prisma in ein schiefes sechsseitiges Prisma mit parallelseitigen Sechsecken als Grundflächen, usw. Unabhängig von diesen Umformungen bleiben folgende Eigenschaften der Paralleloeder unverändert: Ihre Flächen sind stets Parallelogone, d.h. die jeweils gegenüberliegenden Seiten verlaufen parallel zueinander und haben die gleiche Länge. Alle sich jeweils gegenüberliegenden Flächen sind kongruent und parallel zueinander. Sie sind alle zentralsymmetrisch in Bezug auf ihren Körpermittelpunkt. Jede Menge jeweils parallel verlaufender Kanten bildet eine das Polyeder umschließende **Zone** von Flächen. Die Zonen überkreuzen sich.

Polyeder mit diesem Merkmal nennt man generell Zonoeder, unabhängig von ihrer Funktion als Raumfüller.

Zonoeder sind in ihrer spezifischen Form ohne weiteres auf die Formengebung der Natur übertragbar.

Mit Ausnahme des Würfels sind die regulären Polyeder keine Zonoeder, und darin liegen einige Ungereimtheiten der Naturbetrachtung Platos.

Fuller dagegen demonstrierte zwei grundlegende Raumfüller durch Unterteilung eines Rhomboids, das der Gruppe der Zonoeder angehört, und versuchte, mit ihrer Hilfe die Natur rational zu begründen.

Diese „Stoicheia" des Fullerschen Universums sind zwei Arten von Tetraedern, die er die Quantenmodule „A" und „B" nennt.

Das A-Modul (Bild ㉓, linke Reihe) entsteht, wenn ein Tetraeder – Bestandteil eines Rhomboids einer oktaedrisch tetraedrischen Honigwabe – ebenensymmetrisch in 24 gleiche Teile geteilt wird. Die zweite Figur von oben zeigt das Spiegelbild, die oberste die Zusammensetzung, wobei das mittlere Dreieck den Platonischen schiefen Stoicheia entspricht.

Das B-Modul (Bild ㉓, rechte Reihe) entspringt einem Oktaeder – ebenfalls Bestandteil eines Rhomboids einer oktaedrisch tetraedrischen Honigwabe –, das folgendermaßen zerlegt wird: Zuerst konstruiert man aus sechs A-Modulen ein flaches Tetraeder (linke Reihe, zweite Figur von unten). Dann trägt man acht derartige Tetraeder von jeder Fläche eines Oktaeders ab, um einen Körper zu konstruieren wie er als zweite Figur in der rechten Reihe sichtbar wird. Zuletzt teilt man den übriggebliebenen Körper in 48 gleiche ebenensymmetrische Teile. Das Spiegelbild ist wiederum in der zweiten Figur von oben, die Zusammensetzung der Form in der obersten Figur zu sehen, deren mittleres Dreieck seine Entsprechung im Platonischen gleichschenkligen Stoicheia hat.

Auf diese Art gleichen Quantenmodule den Stoicheia.

Aber Stoicheia sind ebene Figuren und können daher lediglich zweidimensionale Formen des Universums bilden, während Quantenmodule dreidimensionale Rauminhalte umschließen.

Mit Hilfe von Quantenmodulen entstehen so wunderschöne Formen wie fünfeckige Blüten und sechseckige Schneeflocken in der Natur (vgl. Bild ㉔), die dennoch keine Raumfüller sind.

Andererseits kann man verschiedene Raumfüller bekommen (vgl. Bild ㉕), wenn man geeignete Quantenmodule Fläche an Fläche zusammensetzt. Sie heißen, von links nach rechts in der oberen Reihe, „Mite", „Bite", „Rite", „Lite", „Kate", „Kat" und „Octet"; diejenigen in der zweiten Reihe sind, von links nach rechts, ein „Pseudo-Oktaeder", ein Würfel und drei Arten eines rhombischen Dodekaeders. In der dritten Reihe rechts außen sehen wir ein gestutztes Oktaeder. Die übrigen Figuren dieser Reihe zeigen, von links nach rechts, Keplers „Stella Octangula", eine regelmäßige Zusammensetzung aus Würfel und Oktaeder und ein Kuboktaeder; sie stellen Entwicklungsstufen des gestutzten Oktaeders dar, sind jedoch keine Raumfüller.

Die letzte Reihe zeigt eine polykubische und eine oktaedrisch tetraedrische Honigwabe mit Schnitten.

Die Figuren in Bild ㉖ sind aus Quantenmodulen zusammengesetzt und scheinen den von Raffaello gemalten Portraits Platos und Aristoteles' in der „Schule Athens" zu ähneln.

Schule von Athen. Der Vatikan.
16. Jahrhundert, Gemälde von Raffael. Links Plato mit seinem „Timaios" als wolle er zum Himmel zeigen und rechts von ihm Aristoteles mit „Etica" als zeigte er auf die Erde. In ihrer Umgebung viele Denker des alten Griechenland, Pythagoras, Sokrates, Archimedes usw.; auch Raffael selbst erscheint auf dem Gemälde.

9
Schwämme, Toroide, Hyperbola Labyrinth von Euler

Torusringe des Erechtheion

$$V - E + F = 2$$

Eulers Gleichung für konvexe Polyeder. V ist die Anzahl der Ecken (vertices), E die Anzahl der Kanten (edges), F die Anzahl der Flächen.

Nach Kepler erscheint das Universum in der einfachen Form der Polyeder.

Polyeder sind jedoch eine komplexe Erscheinung entsprechend dem Universum.

Wie bereits erwähnt, sind reguläre und halbreguläre Polyeder nur ein kleiner Teil der konvexen Polyeder so wie die Planeten des Sonnensystems in Relation zur Milchstraße, und die konvexen Polyeder sind wiederum nur ein Bruchteil der Polyeder im allgemeinen so wie die Milchstraße im Vergleich zum Universum.

Diese ineinander verschachtelte Welt ist in Bild 27 skizziert.

Das gesamte Universum der Polyeder ist durch eine große gelbe Ellipse gekennzeichnet. Darin befinden sich zwei Sternkonstellationen vor ockergelbem Hintergrund, wobei das in einem Kreis gezeigte Gebilde die unendlichen Polyeder repräsentiert, d.h. Polyeder mit unendlich vielen möglichen Flächen; die in einer Ellipse aufgezeigten Gebilde hingegen repräsentieren die endlichen Polyeder, also diejenigen, deren Flächenanzahl begrenzt ist.

Die endlichen Polyeder teilen sich in zwei orangebraun markierte Sternensysteme. Die einzelne Figur in einem Kreis gehört zu den offenen Polyedern, die mindestens eine Kante haben, die zu nur einer Fläche gehört; die anderen in einer Ellipse dargestellten Figuren zählen zu den geschlossenen Polyedern, bei denen alle Kanten zu genau zwei Flächen gehören.

Die geschlossenen Polyeder haben zwei zinnoberrot markierte Planeten. Das einzelne Polyeder im Kreis zählt zu den nicht-einfachen Polyedern, mit beliebig vielen Durchgängen (Tunneln), die Formen innerhalb der Ellipse zählen zu den einfachen Polyedern ohne Durchgänge. Weist ein nicht-einfaches Polyeder unendlich viele Durchgänge auf, fällt es zusammen mit einem unendlichen Polyeder. Hat es dagegen nur einen Durchgang, nennt man es torusförmiges Polyeder in Anlehnung an den ringförmigen Torus, der auch in den Säulen antiker Tempel eingemeißelt ist.

Die gewöhnlichen Polyeder teilen sich in zwei karminrote Satelliten. Im rechten Kreis ist ein konkaves Polyeder dargestellt, das sich durch mindestens einen Flächenwinkel größer als 180° auszeichnet; im linken Kreis befindet sich ein konvexes Polyeder, dessen Flächenwinkel insgesamt kleiner als 180° sind.

Von all diesen verschiedenen Polyedern ist das zuletztgenannte konvexe Polyeder so populär, daß man es einfach Polyeder nennt.

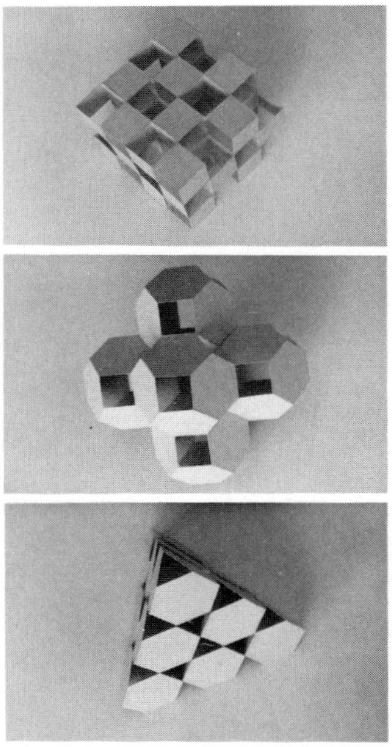

20
Reguläre Schwämme. Von oben nach unten, sechs quadratische Flächen und sechs Fenster um jede Ecke angeordnet; gleichermaßen vier regelmäßige Sechsecke und zwei quadratische Fenster; sowie sechs regelmäßige Sechsecke und sechs regelmäßige dreieckige Fenster.

21
Schwammartige unendliche Polyeder. Von oben nach unten, vier Oktaeder an jeder Ecke; gleichermaßen ein Ikosaeder und zwei Oktaeder; sowie ein Ikosaeder und ein Oktaeder.

Es gibt jedoch unendlich viele Arten konvexer Polyeder, die es unmöglich machen, sie alle zu erfassen. Zum Beispiel gibt es zwei Arten eines konvexen Pentaeders (Fünfflächner), sieben eines konvexen Hexaeders (Sechsflächner), 34 eines konvexen Heptaeders (Siebenflächner), 257 eines konvexen Oktaeders (Achtflächner). Wie man sieht ist es so gut wie unmöglich, die Mengen derjenigen Polyeder aufzulisten, deren Flächenanzahl noch höher liegt.

Bei einem solch weitläufigen Satellitenwust konvexer Polyeder haben Pythagoras und Plato das Universum als Gebilde aus regelmäßigen Mosaiken und regulären Polyedern gesehen. Beide sind so symmetrisch, als wären sie soeben aus der Hand des Schöpfers entstanden; die kongruenten regelmäßigen Polygone fügen sich in gleicher Anzahl um jede Ecke zusammen.

Coxeters drei reguläre „Schwammgebilde" in Bild **20** sind von ebensolcher Schönheit.

Bei regulären Schwämmen sind regelmäßige Polygone gleich häufig um jeden Eckpunkt angeordnet, während sie kongruente regelmäßig polygone Lücken lassen, sogenannte „Fenster".

Sie expandieren unendlich im 3-dimensionalen Raum jenseits des Universums, wobei sie den Kosmos in zwei gleiche Teile zerlegen.

22

Unendliches Polyeder, das den 3-dimensionalen Raum in zwei gleiche Teile teilt. Nach Michael Burt. Es besteht aus Quadraten, Rhomben mit einem Diagonalverhältnis von 1 : $\sqrt{2}$ und regelmäßigen Sechsecken.

Es gibt noch viele weitere schwammartige unendliche Polyeder aus ausschließlich regelmäßigen Polygonen, obwohl ihre Fenster nicht mehr regelmäßig sind. Bild 21 zeigt einige Beispiele, deren äußere Formen alle aus einer flächenmäßigen Aneinanderreihung regulärer Polyeder hergeleitet werden können.

Pythagoreische regelmäßige Mosaike, Platonische reguläre Polyeder und Coxeters reguläre Schwämme repräsentieren die typischen Merkmale drei bekannter geometrischer Welten, wobei das Unterscheidungskriterium die Summe der Flächenwinkel in jedem Eckpunkt ist.

Bei den regelmäßigen Mosaiken beträgt diese Winkelsumme 360°, so als deuteten sie den ebenen Euklidischen Raum an; im Fall der regulären Polyeder ist die entsprechende Winkelsumme kleiner als 360°, so als wären sie eine Anspielung auf den sphärischen Riemannschen Raum; und die regulären Schwämme haben eine Winkelsumme von mehr als 360°, als wären sie ein Hinweis auf den hyperbolischen Lobatschewski-Bolyai-Raum.

Nach Newton hat das Universum eine unendliche Ausdehnung wie der Euklidische Raum. Einstein betonte dagegen, daß es abgeschlossen sei wie der Riemannsche Raum.

Möglicherweise gibt es dann in Zukunft einen Wissenschaftler der auf dem Lobatschewski-Bolyai-Raum besteht. Gauß, der den Riemannschen sowie den Lobatschewski-Bolyai-Raum gezielt betrachtete, sagte bereits voraus, daß der tatsächliche 3-dimensionale Raum sich decken würde mit dem Lobatschewski-Bolyai-Raum. Er prüfte die Summe der Innenwinkel eines großen Dreiecks, deren Ecken durch die Gipfel dreier Berge dargestellt wurden und war der Meinung, daß bei einer Summe der Innenwinkel von weniger als 180° seine Annahme bestätigt wäre. Sie schlug fehl, weil jedes irdische Dreieck zu klein ist, als daß man von ihm auf das gesamte Universum schließen könnte.

Zwei Arten hyperbolischer Flächen. Hyperbolisches Paraboloid entworfen von Kuniaki Ito (oben) und ein einschaliges Rotationshyperboloid als Aussichtsturm, Kobe.

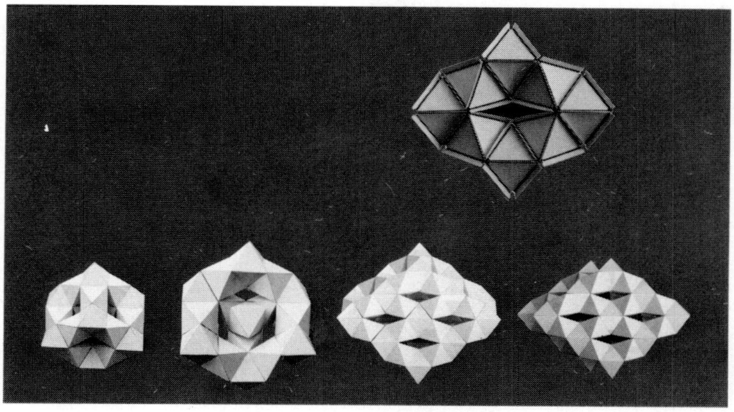

[23]

Aus Oktaedern abgeleitete Toroide. Nach Bonnie Stewart. Eine Einheit (oben) und verschiedene Zusammensetzungen.

Hätten sich die Gaußschen Erwartungen jedoch erfüllt, wäre die Erde in äußerster Konfusion begriffen, so als wären Erdboden und Himmel miteinander vertauscht. Denn das Universum regulärer Schwämme expandiert unendlich, wobei Himmel und Erde kongruent in ständig wechselnder Position erscheinen.

Der Affe Su Wu-Kung in „Hsi-Yu-Chi" fand in Steinhöhlen eine lebendige Welt von Kobolden vor; es gibt aber in diesen Höhlen noch andere Steinhöhlen mit einem lebendigen Inneren. Es gibt viele ähnlich lautende Geschichten in „Tausendundeine Nacht", Alice im Wunderland" usw. Die Helden und Heldinnen dieser Visionen leben vielleicht auf einem Schwammgebilde, also in einem Lobatschewski-Bolyai-Raum.

Bild [22] zeigt ein mehr exotisches schwammartiges unendliches Polyeder von M. Burt, einem modernen Architekten, das den 3-dimensionalen Raum wie die regulären Schwämme in zwei gleiche Teile teilt. Es besteht aus Quadraten, regelmäßigen Sechsecken und Rhomben mit einem Diagonalverhältnis von $1 : \sqrt{2}$.

P. Pearce nannte diese unendlichen Polyeder „Labyrinthe", selbst dann, wenn sie den 3-dimensionalen Raum nicht in zwei gleiche Teile teilen.

Labyrinthe leiten sich folgendermaßen von verschiedenen Gittern ab.

In einem Raumgitter oder in einer Kombination von Gittern werden zuerst sattelförmige Minimalflächen (Sattelflächen) zwischen solche Gitterlinien gespannt, die zueinander schief liegen, so daß man eine Anordnung einer Art von Sattelpolyedern bekommt, deren Oberflächen Sattelflächen sind. Anschließend teilt man die Flächen in kleinste, einem Polygon angenäherte Teile.

Die untere Reihe in Bild ㉘ zeigt drei Sattelpolyederanordnungen, die entstanden sind aus einem kubischen Gitter (links), einem oktaedrisch tetraedrischen Gitter (Mitte) und einem rhombisch dodekaedrischen Gitter (rechts). Die jeweils rechten Figuren der oberen Reihe zeigen die entsprechenden Gittereinheiten, die linken die Flächeneinheiten an.

Dschungel-Turnen. Pearce's Labyrinth. Chokoku-no-mori Museum, Hokone, Shizuoka.

㉜ ▶

Zusammensetzung regulärer Komplexe, wobei die Einheiten jeweils oberhalb zu sehen sind, hergestellt aus Origamis. Die linke Konstruktion benutzt Keplers „Stella Octangula", die rechte Komplexe aus Würfeln und Oktaedern.

㉝ ▶

Ein-seitige Polyeder, die aus Kuboktaedern abgeleitet sind. Ein Zehnflächner und ein Zwölfflächner.

㉞ ▶

Ein-seitige Siebenflächner (Mitte) und Zusammensetzungen ein-seitiger Polyeder. Die linke Konstruktion benutzt Siebenflächner und Zehnflächner, die rechte Siebenflächner und Zwölfflächner. Die gleichfarbigen Flächen bilden unendliche Ebenen.

32

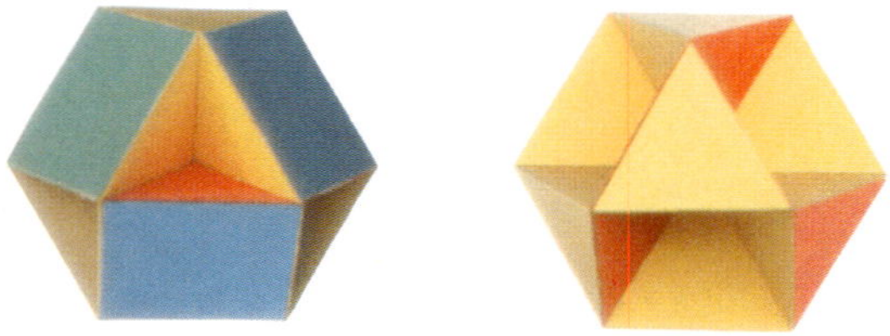

33

34

35

36

Szene einer super-mikro-Welt. Nach John Wheeler.

Topologische Fläche vom Geschlecht 2 in Brillenform

◀◀㉟
Computergraphiken einer Kombination zwölf regulärer sechsseitiger Prismen. Von Mamoro Hozaka und Shizuo Simada mit der eigens erdachten Bezeichnung „Erdkarte".

◀㊱
Regelmäßige polygonale Platten in einer Tensegrity-Struktur. Von Harriet Brisson.

Eine labyrinthische Welt voll solcher kuriosen Schwammgebilde wird in unendlich weit entfernter Zukunft entdeckt werden, und dennoch könnte in naher Zukunft eine Welt mit endlichen Durchgängen entdeckt werden.

Nach Aussagen von J. A. Wheeler, eines modernen Physikers, sind im mikroskopischen Universum, dessen Sonne ein Atomkern ist, Zeit und Raum geometrisch verzerrt, und es wird ein noch nicht zu identifizierender Raum entdeckt werden, der „Wurmlöcher" und „Brücken" hat, so ähnlich wie das nicht-einfache Polyeder mit seinen vielen Durchgängen.

B. Stewart, ein moderner Geometer, konstruiert und erforscht Polyeder mit Durchgängen nur aus regelmäßigen Polygonen, die er „Toroide" nennt.

Er kombinierte z.B. zwei gleichhohe Teile konvexer Polyeder mit regelmäßigen Flächen (vgl. Bild ⓬) und machte daraus verschiedene Toroide wie in Bild ㉙. Die innere wie die äußere Struktur erscheinen jeweils links und rechts im Bild. Die Anzahl der Durchgänge ist beliebig.

Darüberhinaus beschrieb er ein torusförmiges Polyeder aus 48 gleichseitigen Dreiecken als äußere Gestalt einer Packung aus acht Oktaedern (Bild [23], oben). Dieser Ring kann derart angeordnet werden, daß seine Außenansicht ein nicht-einfaches Polyeder mit vielen Durchgängen darstellt. Es sind zwei Variationen der räumlichen Ausdehnung möglich (Bild [23], rechts unten).

Die gleiche Konstruktion ist denkbar mit Dodekaedern oder Ikosaedern anstelle von Oktaedern.

Es wird oft behauptet, daß Tiere und auch Menschen, da sie mit Verdauungsorganen ausgestattet sind, topologisch als nicht-einfache Polyeder mit einigen Durchgängen beschrieben werden können.

Dieser Tatsache war sich Plato, der die Natur aus regulären Polyedern konstruierte, offensichtlich nicht bewußt, obwohl er stets die ringförmigen Tori des Tempels Erechtheion betrachtete.

Und dennoch, selbst wenn er die Beziehungen zwischen torusförmigen Polyedern und menschlichen Körpern gekannt hätte, seinen „Timaios" hätte er keinesfalls revidiert.

Denn es gibt kein „torusförmiges reguläres Polyeder", dessen Flächen regelmäßige Polygone sind und die sich in gleicher Anzahl um jede Ecke zusammenfügen.

10
Große Sterne, kleine Sterne
Nachglanz von Möbius

Himmelskörper, die manchmal die Gestalt regulärer Polyeder haben, sehen aus der Ferne gelegentlich wie glitzernde Sterne aus.

Wenn die Flächen eines konvexen Polyeders bis zum Schnitt in einem gemeinsamen Punkt ausgedehnt werden, erhält man allmählich ein sternförmiges Polyeder.

Einen solchen Prozeß nennt man Sternformung eines Polyeders, und die so entstandenen sternartigen Polyeder nennt man **sternförmige Polyeder** oder **Sternpolyeder**.

Die Flächen eines Dodekaeders, das die äußere Gestalt des Platonischen Universums formt, können derart ausgedehnt werden, bis schließlich eine Figur wie in Bild ㉚ entsteht. Die Bilder ㉛ zeigen verschiedene Entwicklungsstadien. Die mit einem Sternchen markierten Figuren sind gewöhnliche Dodekaeder, die mit einem runden Punkt markierten **kleine sternförmige Dodekaeder**, die erste Sternformung; die mit einem Dreieck markierten Figuren sind **große Dodekaeder**, die zweite Sternformung, und die mit einem Quadrat makierten sind **große sternförmige Dodekaeder** im Endstadium. Die kleinen im Bild verstreuten Teile sind Nebenprodukte des Entwicklungsprozesses.

Andererseits können laut Coxeter und anderen aus einem Ikosaeder achtundfünfzig sternförmige Polyeder gewonnen werden. Die linke obere Figur in Bild ㉔ zeigt ein solches Polyeder im Endstadium.

Viele Experten widmen aber nur dem **großen Ikosaeder**, rechts im Bild, besondere Aufmerksamkeit, da es nur vier Sternpolyeder – neben dem großen Ikosaeder die oben erwähnten drei sternförmigen Dodekaeder – gibt, die Eigenschaften wie die fünf regulären Polyeder haben: Das kleine sternförmige Dodekaeder hat fünf regelmäßige Pentagramme (Fünfsterne) um jede Ecke herum; in ähnlicher Weise zeigen das große Dodekaeder, das große sternförmige Dodekaeder und das große Ikosaeder jeweils eine Anordnung von fünf regelmäßigen Fünfecken, drei regelmäßigen Pentagrammen bzw. fünf gleichseitigen Dreiecken um ihre Ecken.

Daher nennt man diese vier Polyeder die **regulären Sternpolyeder**.

Anders als die regulären Polyeder, die man bereits vor Christi Geburt kannte, drangen die sternförmigen regulären Polyeder erst viel später ins Bewußtsein der Öffentlichkeit.

Sternförmige Polyeder in Daniele Barbaros "La Patrica della Perspettiva", 1569. Die Figur oben rechts gleicht Keplers großem sternförmigen Dodekaeder.

㊲ ▶

Metamorphose dreier Arten eines Yoshimoto-Würfels

㊳ ▶

Metamorphose dreier – in der Art von Zigarrenrauch – gedrehter Polyeder, bestehend aus nur einer Tetraederart mit gelben, roten, blauen und grünen rechtwinkligen Dreiecken. Nach Paul Schatz.

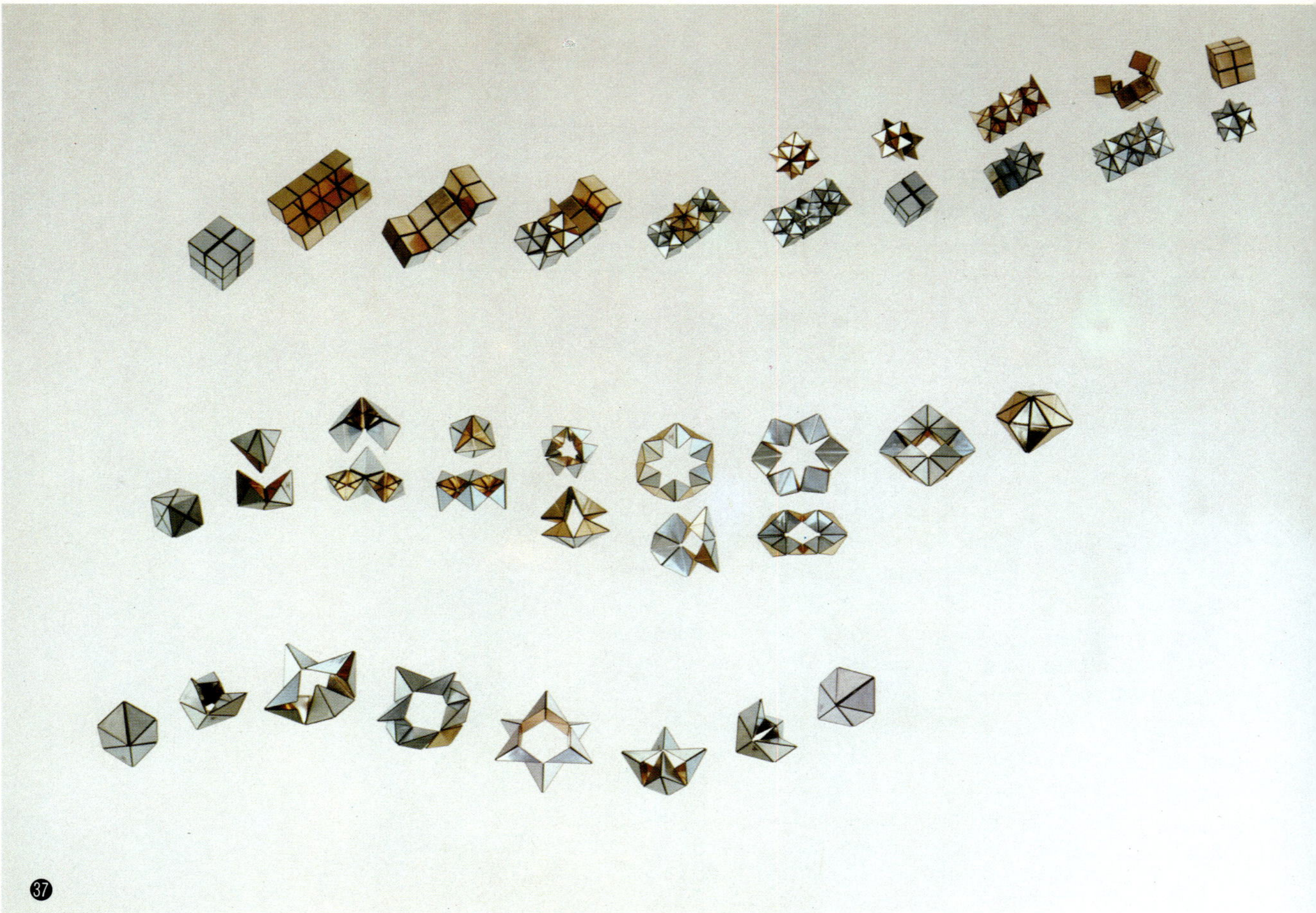

37

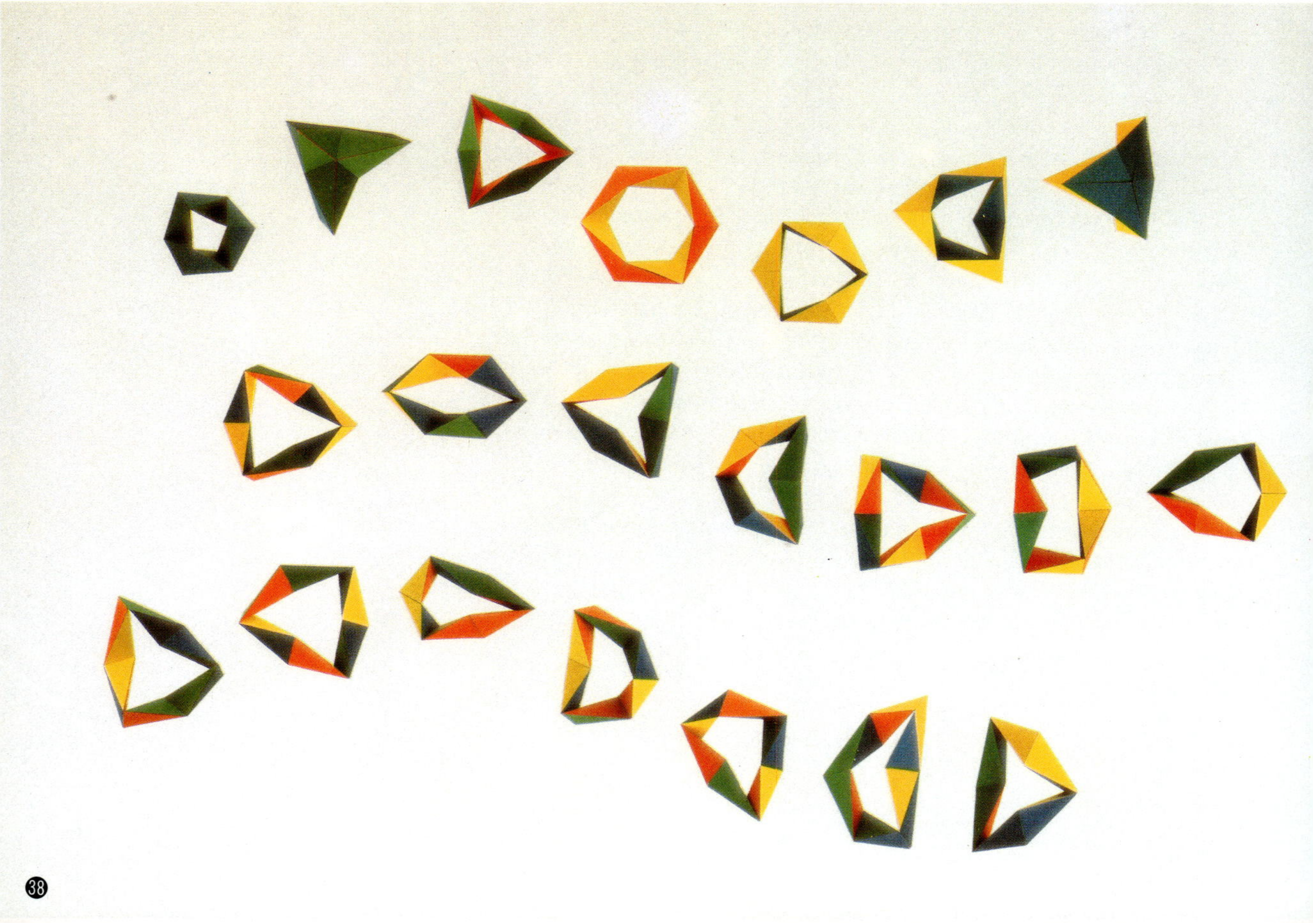

38

39

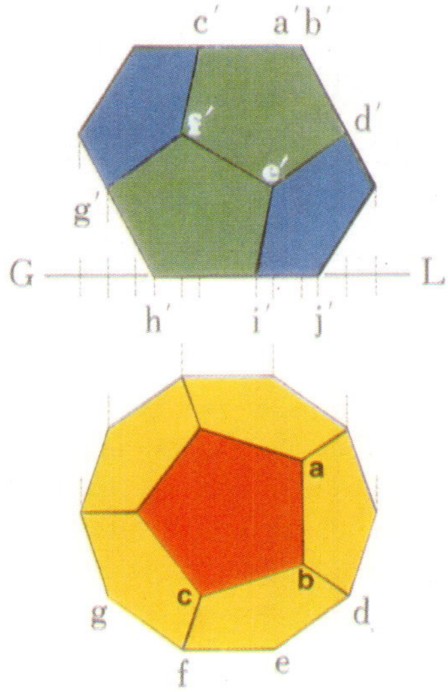

40

41

24 ▶

Sternpolyeder. Das Endstadium der Sternformung eines Ikosaeders (oben links), das große Ikosaeder (oben rechts), reguläre Komplexe (die beiden mittleren Reihen), eine chiraler regulärer Komplex (unten links) und eine Kombination zweier Dodekaeder.

Die von Leonardo da Vinci gezeichneten sternartigen Polyeder (Bild 10) gehören nicht zu den oben definierten sternförmigen Polyedern. Sie sind lediglich so geformt, daß auf den Flächen regelmäßige vielseitige Pyramiden aufgesetzt sind.

Kepler jedoch veröffentlichte in „Harmonices Mundi" Abbildungen des kleinen sternförmigen Dodekaeders und des großen sternförmigen Dodekaeders mit dem Hinweis, daß ersteres – mit dem Namen „Igel" – anstelle des Dodekaeders und Ikosaeders, die die Erde umschließen, in sein kosmisches Schalenmodell eingefügt werden könne.

Etwa 200 Jahre später entdeckte L. Poinsot das große Dodekaeder sowie das große Ikosaeder. Deshalb nennt man die vier sternförmigen regulären Polyeder auch die **Kepler-Poinsotschen Körper**.

Es bleibt die Frage, welche Typen sternförmiger Polyeder aus den noch verbleibenden regulären Polyedern ableitbar sind.

Aus einem Tetraeder sowie aus einem Würfel ist kein solches Exemplar abzuleiten, aus einem Oktaeder nur Keplers „Stella Octangula", in deren Eckpunkten sich jeweils drei gleichseitige Dreiecke zusammenfügen. Sie ist ein **Komplex** aus zwei Tetraedern, genauer ein orthogonaler regulärer Komplex, wo zwei gegenseitig duale reguläre oder sternförmige reguläre Polyeder so kombiniert sind, daß sich zwei Kanten rechtwinklig kreuzen.

Stadthalle von Bat-Yam, Israel, gestaltet von Zvi Hecker.

Es gibt fünf **reguläre Komplexe** einschließlich Keplers „Stella Octangula" (vgl. Bild 24, mittlere Reihe). Eine setzt sich aus dem kleinen sternförmigen Dodekaeder und dem großen Dodekaeder zusammen, wobei das große Dodekaeder ganz in dem kleinen sternförmigen Dodekaeder liegt.

Daneben gibt es fünf chirale reguläre Verbindungen, derart kombinierte kongruente reguläre Polyeder, die in allen Eckpunkten mit denjenigen eines regulären oder halbregulären Polyeders zusammenfallen können:

Keplers „Stella Octangula", fünf Tetraeder in einem Dodekaeder (Bild 24, untere Reihe, links), zehn Tetraeder in einem Dodekaeder, fünf Würfel in einem Dodekaeder (skizziert in Bild 30) und fünf Oktaeder in einem Ikosidodekaeder. Die rechte Figur der unteren Reihe in Bild 24 ist lediglich durch die Kombination zweier regulärer Dodekaeder entstanden und hat keine besondere Bedeutung.

Es gibt unter diesen Polyedern einige beispielhafte Exemplare, die zusammengesetzt eine sternartige Anordnung bilden können.

Zum Beispiel sind die linke und rechte Figur in Bild 32 zusammengesetzt aus Keplers „Stella Octangula" und orthogonalen regulären Komplexen aus Würfeln bzw. Oktaedern, die alle wie Origamis (papiergefaltete Gegenstände) gemacht sind. Die beiden regulären Komplexe in der oberen Reihe sind die Grundeinheiten, die erste ein oktaedrisch tetraedrisches Gitter, die andere eine Kombination eines oktaedrisch tetraedrischen Gitters und einer polykubischen Form, die beide als architektonische Designs beliebt sind.

◀ 39

Aus regelmäßigen Polygonen entstandene moderne Arabeske. Nach Roger Penrose.

◀ 40

Grundriß (unten) und Aufriß (oben) eines Dodekaeders.

◀ 41

Ebene Anordnung aus vier verschiedenen Fünfecken, die in Bild 40 gezeigt werden.

25

Ebene Darstellung der Sternformung eines rhombischen Triakontaeders. Von Zvi Hecker.

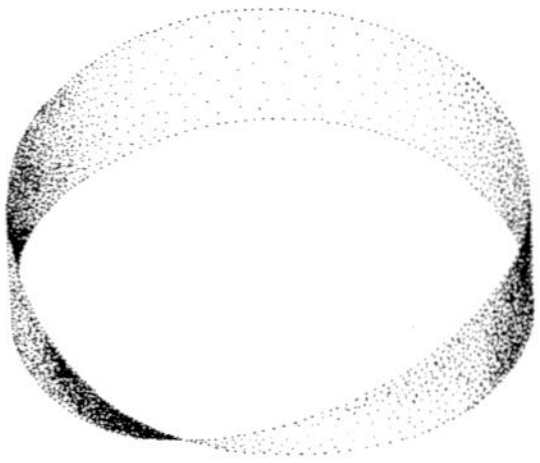

Möbiussches Band

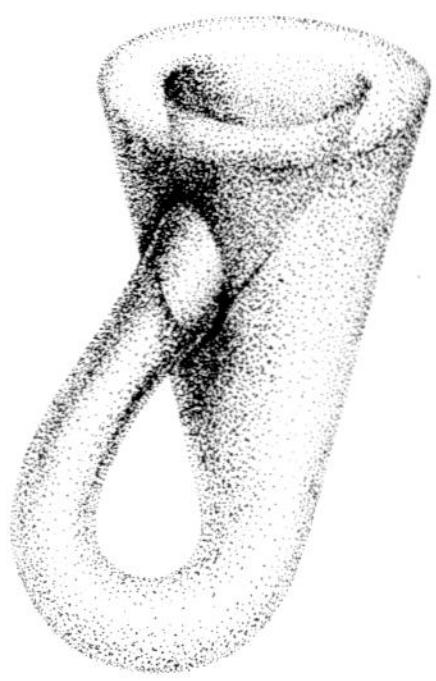

Kleinsche Flasche

Bild 25 zeigt ein ebenes Design, das die Sternformung eines rhombischen Triakontaeders (Dreißigflächner) benutzt. Z. Hecker, ein moderner Architekt aus Israel, hat diese Gestaltungsform in die Architektur eingeführt.

Die Sternformung bezieht sich auf die **äußere** Ausdehnung der Polyeder.

Im Gegensatz dazu ergibt die **innere** Ausweitung der Polyeder sogenannte ein-seitige Polyeder.

Ein-seitige Polyeder nennt man diejenigen, deren Vorder- und Rückansicht nicht unterscheidbar sind – wie z.B. bei dem bekannten Möbiusschen Band. Da sie sehr selten sind, sind sie in Bild 27 nicht mit aufgeführt.

Einige von ihnen können durch innere Ausweitung regulärer oder halbregulärer Polyeder abgeleitet werden.

Wenn man z.B. die acht gleichseitigen Dreiecke eines kubischen Oktaeders entfernt und statt dessen innen vier regelmäßige sechseckige „Diagonalflächen" als neue Flächen hinzufügt, erhält man einen ein-seitigen Zehnflächner (Bild 33, links). In diesem Fall dürfen die sich kreuzenden Linien nicht für Kanten gehalten werden. Dann wären Vorder- und Rückansicht nicht mehr zu unterscheiden wie es bei dem Möbiusschen Band der Fall ist.

Ähnlich kann man aus einem kubischen Oktaeder einen einseitigen Zwölfflächner bekommen, wenn man sechs quadratische Flächen entfernt und vier Diagonalflächen hinzufügt (Bild 33, rechts).

Ein bekannteres ein-seitiges Polyeder ist das sogenannte einseitige Heptaeder (Siebenflächner), gewonnen aus einem Oktaeder, wobei man vier gleichseitig dreieckige Flächen mit einer gemeinsamen Ecke entfernt und an ihrer Stelle drei quadratische Diagonalflächen hinzufügt (Bild 34, Mitte).

26

„Polylink". Von Alan Holden.

„Tensegrity-Mast".
Smithsonian Museum,
Washington.

Im Bild 34 sieht man Anordnungen aus dem oben erwähnten ein-seitigen Zehnflächner und Siebenflächner (links) bzw. aus dem ein-seitigen Zwölfflächner und Siebenflächner (rechts), die beide den Honigwaben aus Oktaedern und Kuboktaedern entsprechen. Daraus ergibt sich, daß bei geeigneter Färbung jeder Fläche der 3-dimensionale Raum in verschiedenfarbige zahllose parallele Flächen eingeteilt ist, die so erscheinen wie die Böden, Wände und Flächen eines Gebäudes. Demnach sieht es so aus als wären die ungewöhnlichen ein-seitigen Polyeder recht brauchbar für gewöhnliche architektonische Designs.

Der Chemiker A. Holden beschrieb andere sternartige Körper ohne eigentliche Flächen, sogenannte „Polylinks", die aus geraden Rundstangen bestehen und sich an ihren Enden zu regulären polygonalen Ringen zusammenschließen. In Bild 26 sehen wir ein Exemplar zehn regelmäßig dreieckiger, ineinander verhakter Ringe in Form eines Ikozidodekaeders, das durch seine Konstruktion einer gewissen Standfestigkeit Rechnung trägt.

Diese komplizierten sternförmigen Strukturen können auch von einem Computer aufgezeichnet werden. Bild 35 zeigt ein Beispiel von M. Hozaka.

Die brillanten Konstruktionen aus Bild 36, die wie Sterne aussehen, können jedoch von einem Computer nicht hergestellt werden. Das Design stammt von H. Brisson, einer Künstlerin der polyedrischen Formen.

Sie konstruierte ein beliebiges Gitter, in das sie feine Fäden fest zwischen zwei geeignete Stangen einzog – wie ein Spinnennetz –, um dann regelmäßige polygonale Platten einzusetzen als wären sie die Nahrung der Spinne.

Das Prinzip eines solchen Designs nannte Fuller „Tensegrity". In der Fullerschen Synergetik bedeutet dies eine Struktur aus schweren, druckerzeugenden Komponenten („Männer") und leichten, Spannung erzeugenden Komponenten („Frauen"), welche mit großer Energie das System zusammenhalten.

Kombination dreier Yoshimoto-Würfel. Der obere entspricht der dritten Reihe in Bild 37, der mittlere ist eine Kombination des letztgenannten und des oberen in Bild 37 und der untere eine Kombination aller.

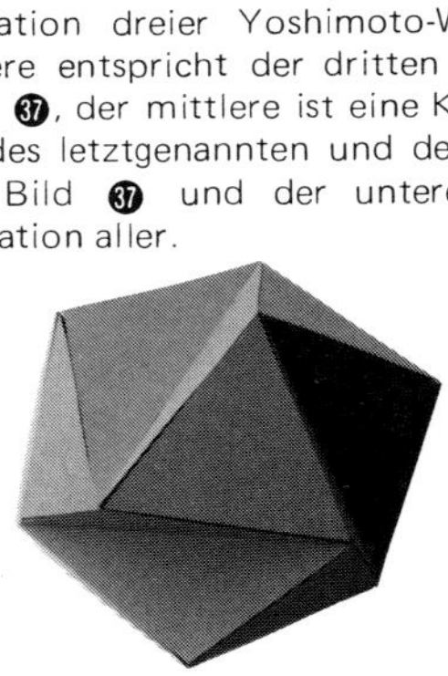

Bewegliches Polyeder, entstanden aus einem Ikosaeder

Diese „Tensegrity"-Struktur darf sich nicht bewegen, obwohl man den Eindruck hat, als wolle sie es jeden Moment tun. N. Yoshimoto, ein moderner polyedrisch orientierter Bildhauer, schuf dagegen **bewegliche** Skulpturen. Bild 37 zeigt drei Typen eines Yoshimoto-Würfels.

In der obersten Reihe sieht man eine „Metamorphose", in der ein silberner Würfel mit einer inneren goldenen Einheit sich in zwei silberne und goldene Würfel verwandelt, die keine inneren Einheiten mehr besitzen. Während des Prozesses erscheinen sternförmige Polyeder, die aus rhombischen Dodekaedern entstanden sind.

In der mittleren Reihe wird demonstriert, wie zwei jeweils aus zwölf Tetraedern hergestellte Ringe aus der Aufteilung eines Würfels in 24 gleiche Stücke hergeleitet werden; in der untersten Reihe wird ein Ring aus der Teilung eines Würfels in 12 gleiche Teile abgeleitet.

Diese drei Typen des Yoshimoto-Würfels können kurioserweise zu nur einem sternartigen Körper kombiniert werden.

Die mit den beiden oben genannten Yoshimoto-Würfeln vergleichbaren Figuren in Bild 38 sind weitere bewegliche ringförmige Polyeder. Alle drei Arten können von links nach rechts und von rechts nach links gedreht werden so wie die gedrehten Ringe des Zigarrenrauches. Jeder Ring ist ähnlich konstruiert, nämlich aus sechs kongruenten länglichen Tetraedern mit zwei Variationen rechtwinkliger Dreiecke, deren Kanten zusammenfallen.

Man kann nun feststellen, daß Polyeder, die eine Honigwabe bilden, Fläche an Fläche zusammengesetzt und **stabil** sind, während die den Yoshimoto-Würfel bzw. „Zigarrenrauch" konstruierenden Polyeder an ihren Kanten miteinander verbunden und **beweglich** sind; einzelne Polyeder sind ungebunden. Der ebenfalls an polyedrischen Formen orientierte moderne Architekt E. S. Fielitz wies einmal darauf hin, daß sie möglicherweise die drei Aggregatzustände der Natur repräsentieren: feste Körper, Flüssigkeiten und Gase.

Selbst wenn dies „unnatürliche" Polyeder sind, sie haben doch Beziehung zur Natur.

11
Fünfecke und Fünfsterne
Meisterstück von Dürer

Platos Stoicheia und Fullers Quantenmodule, die möglicherweise das gesamte Universum aufbauen, lassen regelmäßige Fünfecke und Fünfersterne (Pentagramme) unberücksichtigt.

Trotzdem hinterlassen regelmäßige Fünfecke und Fünfsterne einen sehr gefälligen Eindruck, und zwar aufgrund der günstigen Proportion 1 : 1,618 („goldener Schnitt").

Die alten Ägypter und Griechen sollen unter Anwendung dieses Verhältnisses die Große Pyramide, den Parthenon usw. erbaut haben. Wie schon Euklid ausführlich beschrieben hat, tritt das goldene Verhältnis wie folgt im regelmäßigen Fünfeck und Fünfstern auf (Bild 27 : AC : AB, AG : AC, AH : AB, AJ : AH usw.

Pythagoras verband körperliches Wohlbefinden mit dem Fünfstern, dem symbolischen Kennzeichen seiner Schule, und wollte außerdem die Existenz des Dodekaeders, das ausschließlich aus regelmäßigen Fünfecken besteht, geheimhalten. Hippasus, der, dessen ungeachtet, das Geheimnis gelüftet hatte, wurde von Gott gestraft und ertrank im Mittelmeer. Und außerdem tragen Perlentaucherinnen im heutigen Japan mit Pentagrammen bestickte Mützen, wenn sie in die Tiefe des Meeres tauchen!

Ungefähr 50 Nationen der Welt schmücken ihre Flaggen mit Pentagrammen: das Sternenbanner der USA, die Flagge der UdSSR, die Flagge Chinas mit den fünf goldenen Sternen am roten Himmel usw.

Der David-Stern Israels, ein Sechseck, sowie der geschlossene Kreis der aufgehenden Sonne auf der japanischen Flagge sind recht ungewöhnlich.

Nicht nur auf der Erde, sondern auch auf dem Mond sind regelmäßige Fünfecke und Pentagramme überall zu finden, obwohl es dort kein Leben gibt. Im Zuge einer weichen Landung auf einem Planeten mit einer interplanetarischen Sonde hinterlassen die UdSSR normalerweise ein regelmäßig fünfeckiges Zeichen. Auch ein regelmäßig dodekaedrisches wurde bereits hinterlassen. Die USA hissen ihr Sternenbanner.

So wie die USA sich von der UdSSR unterscheiden, bestehen zwischen dem Bereich regelmäßiger Fünfecke und dem regelmäßiger Sechsecke entscheidende Unterschiede.

Kepler, der das Fünfeck der organischen Materie und das Sechseck der anorganischen Materie zuordnete, klassifizierte geschickterweise die Archimedischen Körper so, daß er die Familie des Würfels auf regelmäßige Sechsecke zurückführte und die Dodekaeder-Familie auf regelmäßige Fünfecke.

Nationalflaggen mit ausschließlich Fünfsternen. Von oben nach unten, Marokko,Somalia, China.

Sechsstern, ein Davidstern auf der Nationalflagge Israels

[27]
Regelmäßige Fünfecke und Fünfsterne

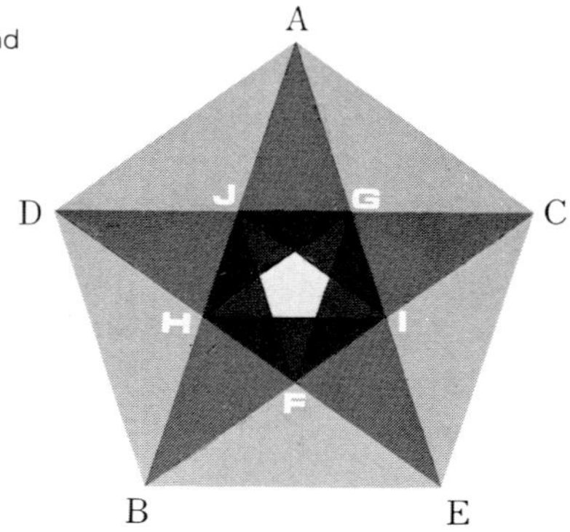

Alle Mitglieder der Würfel-Familie sind gewöhnlich und „kontaktfreudig". Deshalb gehören fast alle bereits erwähnten Mcsaike und Honigwaben zu dieser Familie.

Der Dodekaeder-Familie jedoch, „kreativ" und von außergewöhnlicher Kraft, galt im Laufe der Zeit das stärkste Interesse.

In Arabesken sind regelmäßige Fünfecke und Pentagramme bereits mit Hilfe der Parallelverschiebung – wenn auch leicht verdreht (Bild ❶) – angeordnet worden.

Vielseitige Genies, z.B. L. Paccioli, der „Divina Proportione" schrieb, arbeiteten zur Zeit der Renaissance an dem goldenen Verhältnis in bezug auf regelmäßige Fünfecke.

Einer von ihnen war Dürer, der die „Melancholie" kreierte.

Ein Engel Melancolia, eine junge Architektin mit einem Zirkel, soll eine „Architektin des Universums" symbolisieren, wobei viele Dinge um sie herum auf eine melancholische Stimmung hinweisen. Die große Kugel mag deswegen melancholisch wirken, weil ihre äußere Erscheinung die des dunklen Universums ist.

Aber warum ist das große abgestumpfte Rhomboeder melancholisch? Es bedeutet Melancholie, dies nicht verstehen zu können.

Kürzlich hat eine japanische Bildhauerin, Kazuko Emoto, den Originalzustand dieses malerischen Polyeders unter Verwendung des goldenen Verhältnisses rekonstruiert.

Nach ihren Ausführungen erhält man alle fünfeckigen Flächen, wenn der Rhombus ADBI aus Bild [27] von zwei Linien geschnitten wird, die durch die Punkte F und G parallel zu DI verlaufen.

Wie in Beantwortung ihrer Betrachtungen hinterließ Dürer in seinen Schriften „Zur Unterweisung der Messung" verschiedene Muster regelmäßiger Fünfecke (Bild [28]).

Das zweite von rechts in der unteren Reihe ist wahrscheinlich das erste Netz eines Dodekaeders in der Geschichte.

Melancolia I. Kupferstich von Albrecht Dürer, 1514.

Modell eines abgestumpften Rhomboeders in "Melancolia I"-Rekonstruktion von Kazuko Emoto.

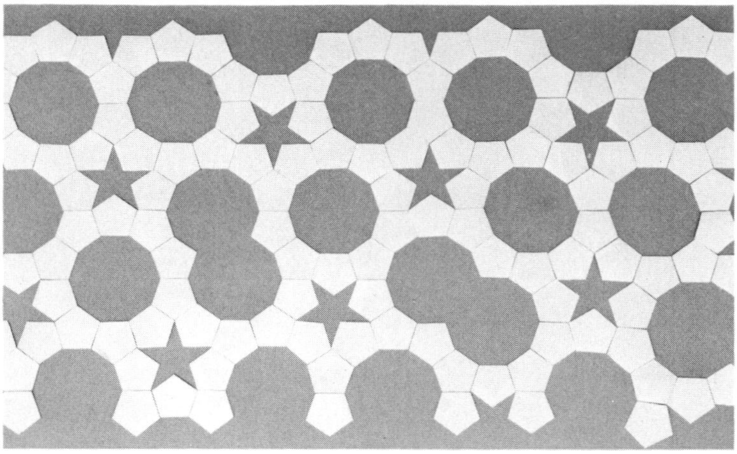

28 Muster aus ausschließlich regelmäßigen Fünfecken. Nach Dürer.

29 Muster aus ausschließlich regelmäßigen Fünfecken. Nach Kepler.

Eine interessantere Figur ist in derselben Reihe rechts außen zu sehen. Der Kreis regelmäßiger Fünfecke öffnet sich so, daß man die Lücke mit keiner weiteren Einheit schließen kann.

Kepler hingegen beschrieb später in „Harmonices Mundi" (Bild **29**) ein Muster mit vielen Kreislinien aus zehn regelmäßigen Fünfecken.

R. Penrose betrachtete solche regelmäßigen Fünfecke mit Vorliebe, und er konstruierte, obwohl er ein „zukunftsorientierter" Mathematiker ist, eine „altmodische" Arabeske (Bild **39**).

Eine solche Exzentrizität regelmäßiger Fünfecke läßt auf eine ungewöhnliche Aktivität der Dodekaeder-Familie schließen.

Der „Vater" der Familie, ein reguläres Dodekaeder kann mittels Parallelverschiebung eine Zusammensetzung wie in Bild **30** erzeugen, wobei Kanten oder Flächenteile zusammenfallen. Eine solche Zusammensetzung entspricht den Gewohnheiten der Würfel-Familie.

Nach diesem Modell gestaltete Hecker ein Apartmenthaus in der Wüste.

Chinesisches Gitter aus regelmäßigen Fünfecken

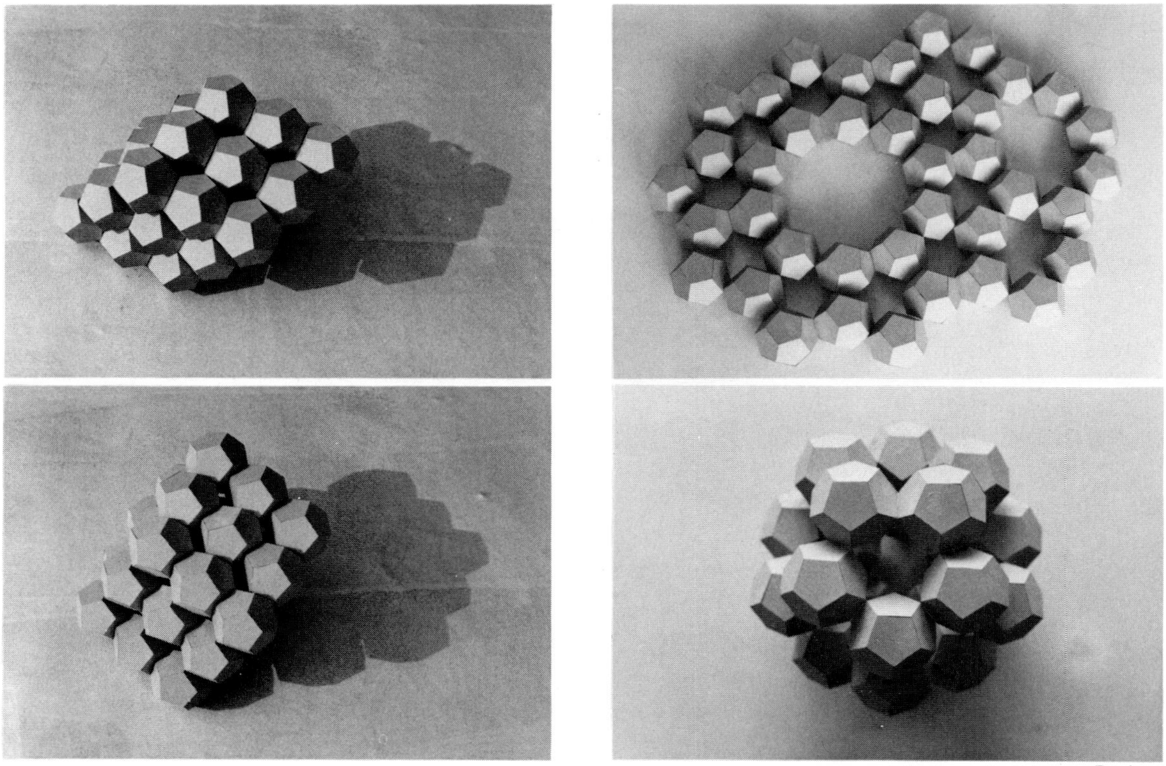

31 Nicht-periodische Zusammensetzungen regulärer Dodekaeder. Das obere enthält Keplers Muster aus Bild 29. Das untere ist eine regelmäßige dodekaedrische Zusammensetzung aus zwanzig kleinen regulären Dodekaedern.

Liebt man Abwechslung, so sind die in Bild 31 dargestellten Modelle zum Wohnen vielleicht eher geeignet. Die obere, an den Kanten zusammengesetzte Komposition erinnert an Keplers Mosaik (Bild 29). In der unteren Komposition sind zwanzig kleine Dodekaeder in die Ecke eines größeren Dodekaeder gesetzt worden. Wenn weiterhin jede Einheit in Form eines kleinen Dodekaeders durch eine so entstandene große dodekaedrische Zusammensetzung ausgetauscht wird, erhält man ein noch größeres dodekaedrisches Gebilde.

Letztendlich ist Platos dodekaedrisches Universum auf diese Weise unendlich fortsetzbar.

Es ist merkwürdig, daß keine der in Bild 31 gezeigten Zusammensetzungen die Periode einer **Parallelverschiebung** aufzeigt — eines der typischen Charakteristika der Würfel-Familie.

Wie sieht die Orthogonalprojektion eines solchen mysteriösen Dodekaeders aus?

In Bild 40 sind Grundriß (unterhalb GL) und Aufriß (oberhalb GL) eines Dodekaeders dargestellt. Im Grundriß wird zunächst die rote regelmäßig fünfeckige Fläche abc so gesetzt, daß eine Seite, ab, senkrecht zu GL steht. Der Punkt d wird zum Schnittpunkt der Linien bd, die den Mittelpunkt des roten regelmäßigen Fünfecks durchläuft, und cd, die zu GL parallel liegt. Die Punkte d, e, f und g werden zu Ecken eines regelmäßigen Zehnecks.

In dem Aufriß sind die Linien e'g', d'f' und a'c' zu GL parallel. Die gleichgroßen Abstände von e'g' zu GL und von d'f' zu a'c' sind wiederum gleich dem Radius des Umkreises des roten regelmäßigen Fünfecks im Grundriß; und die Entfernung von e'g' zu d'f' ist gleich bd im Grundriß. Die Punkte a', h' und j' werden zu Ecken eines parallelseitigen Sechsecks.

Gemäß dieser komplizierten Konstruktion können einige außergewöhnliche Mosaike aus Fünfecken und Kompositionen aus Dodekaedern wie folgt hergeleitet werden:

Wie in Bild 41 zu sehen, haben alle vier Fünfecktypen, gekennzeichnet durch die Farben rot, gelb, grün und blau, gleichgroße maximale Ausdehnung, während sie auf einer Ebene angeordnet sind, wobei allerdings verschiedene Lücken ausgespart bleiben und die Phasen der Parallelverschiebung sichtbar werden. Beispiele mit ausschließlich roten regelmäßigen Fünfecken wurden bereits erwähnt.

Darüberhinaus können diese Fünfecke im dreidimensionalen Raum fünf pentagonale Dodekaeder einschließlich des roten regulären Dodekaeders produzieren (Bild 42). Die oberen vier können ohne Zwischenräume zusammengesetzt werden, wobei die gleichfarbigen Flächen zusammenfallen (Bild 43). Ein rotes reguläres Dodekaeder befindet sich in der Mitte. Insgesamt entsteht ein Gebilde mit 42 konvexen Flächen, von denen zwölf rote regelmäßige Fünfecke sind und dreißig parallelseitige Sechsecke darstellen, alle mit dem in Bild 40 aufgezeigten Aufriß.

Während Dodekaeder als die „Väter" der Familie angesehen werden, gelten Ikosaeder als „Mütter".

Eine „Mutter" ist eine hübsch gekleidete Frau mit rot bemalten Lippen. In Bild 44 sieht man zwei an ihren Kanten zusammengefügte Gebilde regulärer Ikosaeder, geschmückt mit lippenförmigen Mustern (oben im Bild).

Wie ihr Ehemann kann auch sie eine Zusammensetzung Parallelverschiebung bilden (links im Bild). Aber das rechte Exemplar ist ungewöhnlich. Es erweckt den Anschein einer regelmäßig dodekaedrischen Zusammensetzung wie im Bild [31] unten, denn zwölf kleine Ikosaeder bilden ein großes Ikosaeder.

In jedes Ikosaeder kann man drei goldene zueinander senkrechte Rechtecke einbeschreiben, deren Kantenverhältnis dem goldenen Verhältnis gleichkommt, so daß ihre zwölf Ecken mit allen Ecken des ursprünglichen Ikosaeders zusammenfallen.

Unter Anwendung dieser Methode können die ungewöhnlichen Konstruktionen aus Bild 44 in die gewöhnlichen Konstruktionen aus Bild 45 überführt werden.

Das Fünfeck mit seiner goldenen Proportion, das mysteriöse Ordnung aus dem Chaos der Vergangenheit gebracht hat, wird der Schlüssel zu einer vernünftigen Ordnung im Chaos der Zukunft sein.

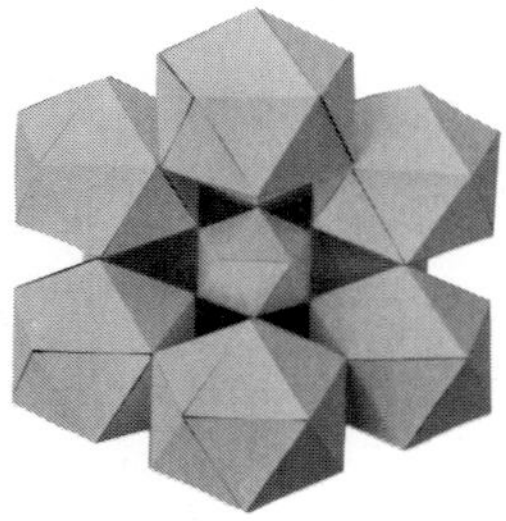

Kleines Ikosaeder, eingebettet in eine regelmäßige ikosaedrische Gruppe aus zwölf größeren Ikosaedern (vgl. Bild 44, rechts). Das Verhältnis der Kantenlängen des kleinen sowie der großen Ikosaeder ist das goldene Verhältnis.

Drei zueinander senkrechte goldene Rechtecke, die in ein Ikosaeder einbeschrieben sind.

42 ▶

Fünf pentagonale Dodekaeder aus vier verschiedenen Fünfecken (gemäß Bild 40).

43 ▶

Endliche Anordnungen (Fläche an Fläche) vier verschiedener pentagonaler Dodekaeder (vgl. Bild 40), oben). Im Innersten der linken Figur befindet sich ein rotes reguläres Dodekaeder.

44 ▶

Periodische rhomboedrische (links) und nicht-periodische ikosaedrische (rechts) Zusammensetzung regulärer Ikosaeder, gestaltet aus lippenförmigen Einheiten (Bild, oben).

45 ▶

Darstellung der Figuren aus Bild 44 durch goldene Rechtecke

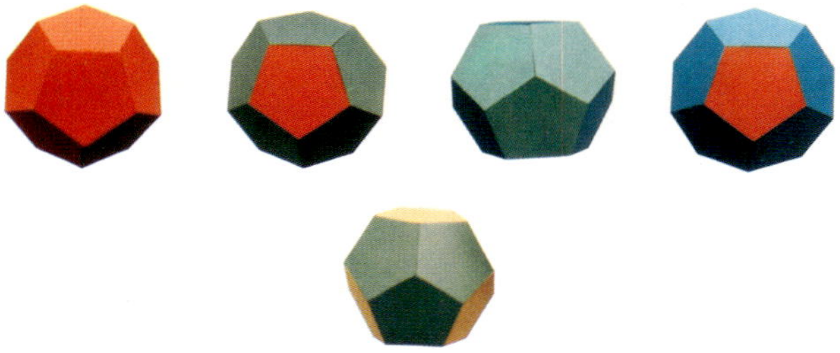

42

43

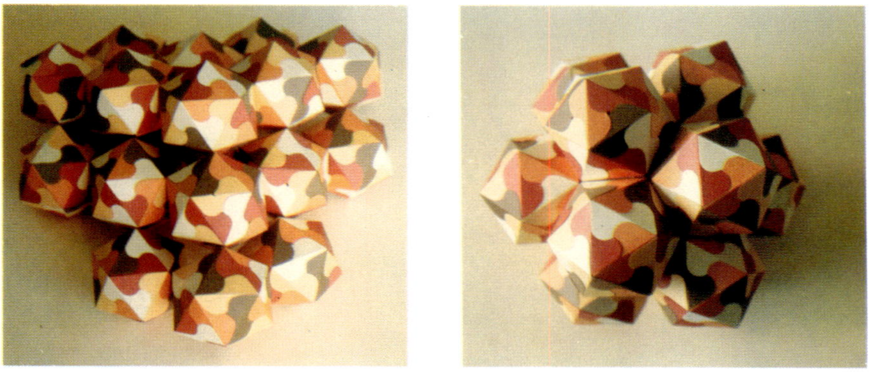

44

45

46

47

48

49

12
Goldener Diamant
Der Planet von Penrose

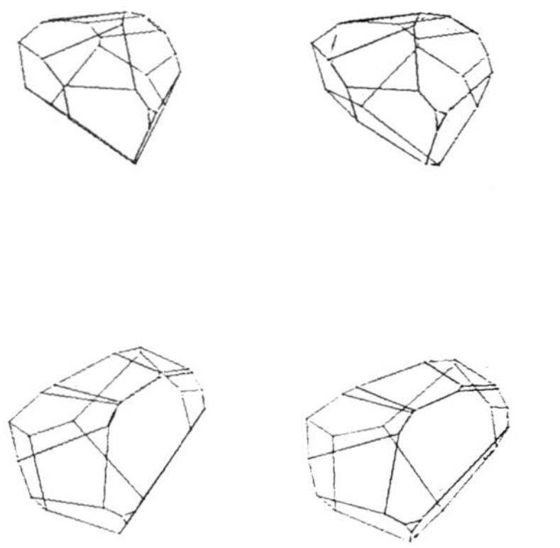

Zwei Polyeder mit zufälligen Flächen. Computergraphiken von Katsumi Saito. Mit zunehmender Flächenanzahl wird die Zahl der Fünfecke größer. Man betrachte das Bild mit nähernden Augen.

Die Natur neigt dazu, ihre ursprüngliche Ordnung zu zerstören als wünsche sie eine Zunahme der Entropie.

Nicht-periodische (d.h. nicht unter einer Parallelverschiebung invariante) Muster des Fünfecks sowie der Dodekaeder-Familie unterliegen dieser Gesetzmäßigkeit.

Zwischen den Einheiten entstehen jedoch immer einige Lücken, die dem lückenlosen Universum widersprechen.

Gibt es also nicht-periodische Muster ohne Lücken?

In den Dreißiger Jahren entwickelte Vorderberg ein nicht-periodisches Mosaik, in dem seepferdchenartige Gebilde, konkave Neunecke in einer doppelten Spirale lückenlos unendlich zusammensetzbar sind (Bild ㊻). Bei näherer Betrachtung wird man allerdings gewahr, daß die Seepferdchen so unregelmäßig formiert sind, daß man zweifeln muß, ob die Doppelspirale tatsächlich endlos wachsen kann.

Dagegen kann die ein wenig später entdeckte Golombische Sphinx ohne jeden Zweifel nicht-periodisch und lückenlos formiert werden, weil sie in ihrer stets sphinxähnlichen Erscheinung immer aus den gleichen elementaren Formen zusammengesetzt ist (Bild ㊼).

Sofern nicht die Bedingung gestellt ist, ausschließlich gleichartige Einheiten zu verwenden, wird jedermann in der Lage sein, derartige nicht-periodische Muster zu erfinden. In Bild ㊽ sehen wir als Beispiel die Konstruktion eines japanischen Schülers.

Angesichts so zahlreich erschienener Beispiele – unter ihnen sogar Schülerarbeiten – zeigte sich die Fachwelt höchst unzufrieden und verschärfte die Voraussetzungen: wie geschickt man die Einheiten auch arrangiert, ein periodisches Muster darf in dem Mosaik nicht vorkommen.

◀㊻
Vorderbergs Doppelspirale

◀㊼
Golombs Sphinx

◀㊽
Arbeit („Auto") eines japanischen Jungen

◀㊾
Von Penrose gestaltete wesentlich nicht-periodische Mosaike. Die oberen bestehen aus Pfeil- und Drachen-Formen, die unteren aus zwei Rhombenarten, die mit weißen Linien und Teilen kleiner weißer und roter Kreise zu sehen sind.

Vorderbergs Seepferdchen und Golombs Sphinx sind auch periodisch arrangierbar, da jeweils zwei Einheiten zu einem parallelseitigen Achteck bzw. einem Rhombus kombiniert werden können.

Die Geometer waren im Zweifel, ob solche wesentlich nichtperiodischen Mosaike gefunden werden können oder nicht.

Mitte dieses Jahrhunderts jedoch, als die politische Ordnung wegen des Kalten Krieges usw. fraglich wurde, entdeckte man, obwohl viele Einheiten dazu gebraucht wurden, einige wesentlich nicht-periodische Mosaike.

Auch Kepler hinterließ bereits – trotz des Dreißigjährigen Krieges usw. – ein solches Beispiel (Bild 29), wobei die Anzahl der Grundeinheiten allerdings unbekannt blieb.

Penrose, der die Arabeske in Bild 39 gestaltete, versuchte ebenfalls, dieses schwierige Problem zu lösen und bekam schließlich zwei Ergebnisse, die jeweils nur zwei Sorten von Einheiten verwendeten (Bild 49).

Der erste Ansatz – im Bild oben – arrangiert das konkave Viereck ADJI und das konvexe Viereck BDJI, beide zu sehen in Bild 27, derart, daß die jeweiligen Punkte J nicht identisch sind; der zweite Versuch kombiniert zwei Rhomben, die den beiden Formen ADBI und DHIJ, ebenfalls im Bild 27, ähneln, und zwar so, daß sich weiße fortlaufende Gürtel bilden und rote unabhängige kleine Scheiben zum Vorschein kommen.

Die Mosaike sind gänzlich von dem goldenen Verhältnis dominiert. Ein wesentlich nicht-periodisches Mosaik ohne Beziehung zum goldenen Verhältnis scheint es sogar nicht zu geben.

Traditionelles Japanisches Tapetenmuster "Gourd". Holzschnitt von Chojiro Senda. 20. Jahrhundert. Ein nichtperiodischer Druck eines einzigen Holzstückes wird fortlaufend wiederholt, um einen verblüffenden periodischen Effekt zu erhalten. Solch eine Tapete, ein Kyo-karakami, verwendet man in japanischen Stilhäusern als Design für Schiebetüren, als Fusuma.

50 ▶

Periodische und nicht-periodische Zusammensetzungen goldener Isozonoeder. Die A_6-Teile sind gelb, die O_6-Teile ockergelb, die B_{12}-Teile rot, die F_{20}-Teile dunkelbraun und die K_{30}-Teile rosa.

51 ▶

Faustförmige Zusammensetzungen. In der unteren Reihe Beispiele nicht-periodischer Honigwaben, wobei die Projektionen der mittleren Figuren Penrosesche Mosaike sind (vgl. Bild 49, unten).

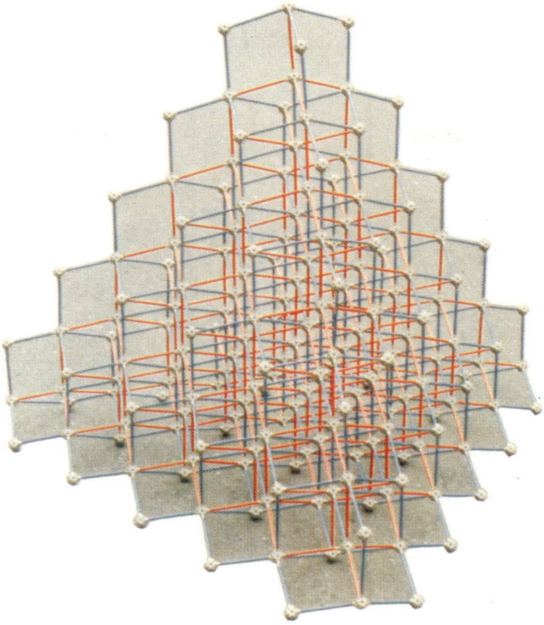

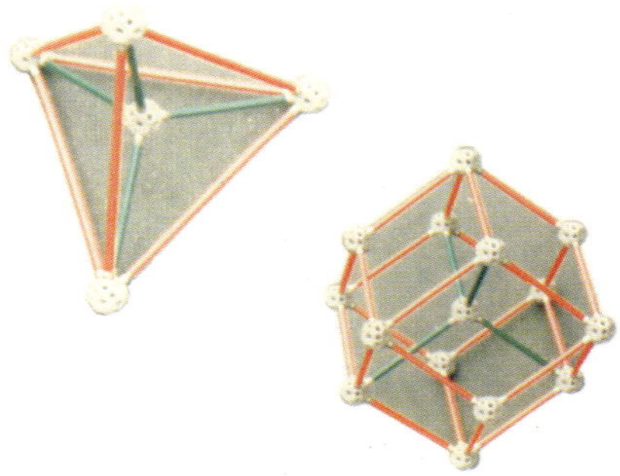

❺❷

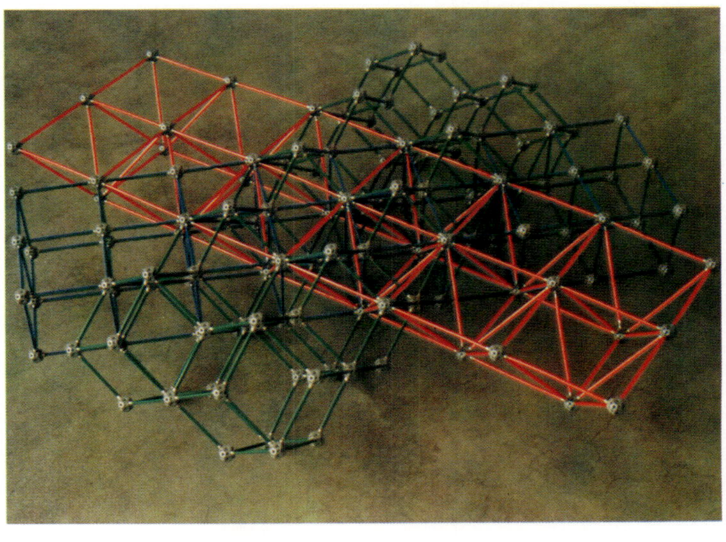

❺❸

32

Goldener Diamant

33

Goldene Izozonoeder. Von links nach rechts, A_6 (oben), O_6 (unten), B_{12}, F_{20} und K_{30}.

34

Kleine goldene Isozonoeder in großen goldenen Isozonoedern. Von links nach rechts, A_6 (oben) und O_6 (unten) in einem B_{12}, B_{12} in einem F_{20} und F_{20} in einem K_{30}.

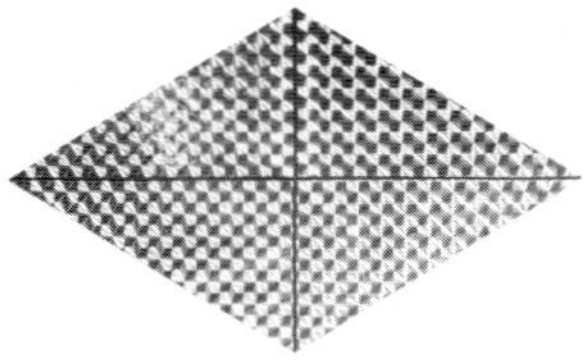

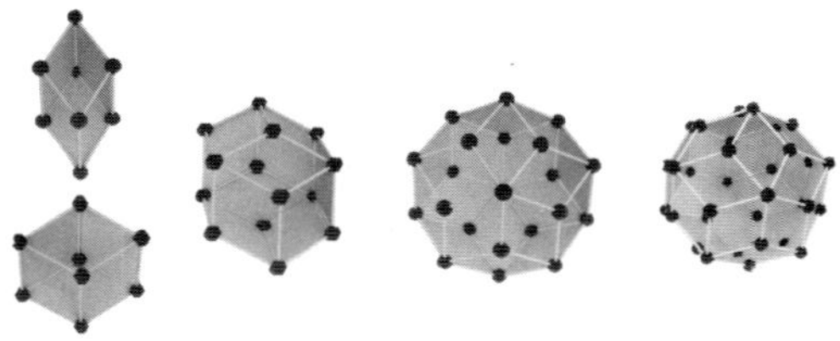

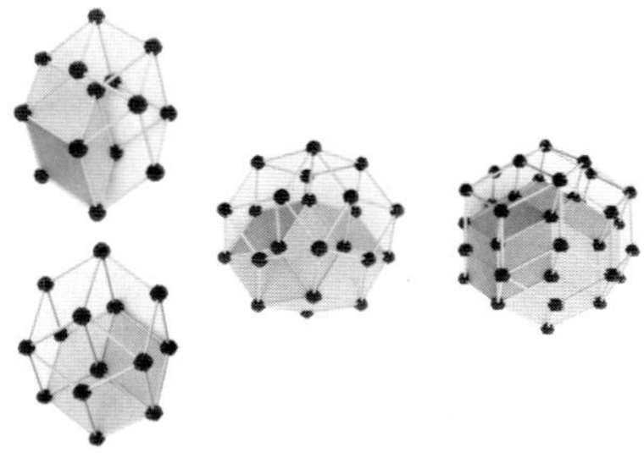

Modifikation der Penroseschen endlosen Treppe

Was für Gebäude gibt es nun in Penrose' goldener Stadt?

Es eignet sich ein stoicheisches Element in Form eines Rhombus, ein „goldener Diamant" (Bild 32), dessen Diagonalen im goldenen Verhältnis zueinander stehen.

Es gibt genau fünf konvexe Polyeder, die von dem „goldenen Diamanten" abgeleitet werden können (Bild 33): von links nach rechts, zwei Rhomboedertypen (A_6, das obere, spitzförmige und O_6, das untere, stumpfe), ein Dodekaeder (B_{12}, nach Bilinski), ein Ikosaeder (F_{20}, nach Fedorov) und ein Triakontaeder (K_{30}, nach Kepler).

Alle sind Zonoeder und wurden von Coxeter die „Goldenen Isozonoeder" genannt.

Diese fünf haben eine enge Beziehung zueinander.

Wie in Bild 34 gezeigt, erhält man z.B. B_{12} durch Parallelverschiebung von A_6 oder O_6; ähnlich entsteht F_{20} aus B_{12} und K_{30} aus F_{20}. Mit anderen Worten, wenn ein Goldener Diamant äquivalent zu einem 2-dimensionalen Viereck und A_6 bzw. O_6 äquivalent zu einem 3-dimensionalen Würfel ist, dann sind B_{12}, F_{20} und K_{30} äquivalent zu einem jeweils 4-, 5- und 6-dimensionalen Hyperwürfel.

◀ 52

Vierdimensionales Koordinatensystem (oben). Die positiven Achsen sind blau, die negativen rot gekennzeichnet. Sie können beide in ein Tetraeder (Mitte) sowie in ein rhombisches Dodekaeder (unten) eingebettet werden.

◀ 53

Kombination eines kubischen Gitters (blau), eines oktaedrisch-tetraedrischen Gitters (rot) und eines rhombisch dodekaedrischen Gitters (grün). Die Ecken fallen zusammen.

Ein anderer Aspekt ist, daß in B_{12} jeweils zwei A_6 und O_6 stecken, in F_{20} ein B_{12} und jeweils drei A_6 und O_6, in K_{30} ein F_{20} und jeweils fünf A_6 und O_6.

Die Polyeder können, da sie Flächen oder innere **kleine** goldene Isozonoeder — A_6 und O_6 — haben, verschiedene Teile des dreidimensionalen Raumes periodisch und nichtperiodisch ausfüllen.

Bild **50** zeigt einige Beispiele, wobei jede Grundeinheit (A_6, O_6, B_{12}, F_{20} und K_{30}) eine bestimmte Farbe hat.

Jede Figur der **linken** Hälfte besteht aus nur **einer** Grundeinheit. In der obersten Reihe ist eine flächenbezogene (Fläche an Fläche) Zusammensetzung aus A_6 bzw. O_6 dargestellt. An der zweiten Reihe sieht man zwei verschiedene flächenbezogene periodische Zusammensetzungen aus B_{12} und in der dritten Reihe Vorder- und Rückansicht einer Schicht einer flächenbezogenen nicht-periodischen Zusammensetzung aus B_{12}. Die Figuren der vierten und fünften Reihe sind periodische (jeweils links) bzw. nicht-periodische (jeweils die beiden rechten) Zusammensetzungen von F_{20} bzw. K_{30}, die in ihren Flächen und O_6-Formen zusammenfallen.

Sämtliche Figuren der **rechten** Hälfte entstehen, wenn alle goldenen Isozonoeder so kombiniert werden, daß sie gemeinsame Flächen aufweisen.

Im mittleren, dunklen Abschnitt des Bildes **51** laden ein faustartiges Gebilde samt Spiegelbild zu einem Schauspiel in dunkler Ungewißheit auf den Planeten „Goldener Diamant" ein:

Werden ein A_6 und ein O_6 durch Zusammenschluß zweier Flächen miteinander verbunden, ergeben sich zwei Arten eines faustförmigen konkaven Decaeders, gemäß der Darstellung in der oberen und unteren Reihe des mittleren, dunklen Abschnitts. Sie sind gegenseitig spiegelbildlich, wobei die eine Konstruktion wie eine linke, die andere wie eine rechte Faust erscheint. Die jeweils linken bzw. rechten Figuren einer Reihe demonstrieren die Vorder- bzw. Rückansichten.

Werden zwei rechte oder im anderen Fall zwei linke Fäuste zum Händeschütteln veranlaßt, so entsteht ein B_{12}, wie im mittleren Abschnitt der oberen Reihe links und rechts gezeigt wird. Die Figur in der Mitte dieses Abschnitts ist ein „doppeltes" B_{12}.

In den anderen Abschnitten der oberen Reihe sind ein F_{20} und ein K_{30} dargestellt, jeweils darunter deren doppelte Ausführungen.

Die Honigwaben links bzw. rechts außen in der unteren Reihe sehen so aus, als zöge ein Strudel Kreise bzw. ein Tornado sich in die Länge.

Der dazwischen liegende Abschnitt in der unteren Reihe zeigt zwei „Gebäude" (rechts), deren Grundriß dem wesentlich nichtperiodischen Mosaik von Penrose (Bild **49**, unten) entspricht. Das Gebäude links hat einen Garten (Loch), von dem man den Himmel sieht.

Solar-Haus aus Goldenen Diamanten. Kalifornien. Darstellung von Steve Baer.

Die Gebäude der Penroseschen goldenen Stadt sind — im Gegensatz zu dem Grundriß — nicht wesentlich nicht-periodisch. Nach Coxeter gibt es wahrscheinlich keine wesentlich nicht-periodischen Honigwaben. Zur gezielten Suche einer solchen gab man den Flächen der faustförmigen Konstruktionen Farben und numerierte sie; man kam jedoch zu keinem Ergebnis.

Welche Struktur müßte ein „Baugerüst" für die goldene Stadt von Penrose haben?

Der Typ eines dreidimensionalen rechtwinkligen Systems wäre nicht ausreichend, wohl aber ein 6-dimensionales Koordinatensystem, das aus einem Dodekaeder durch Verbindung des Körpermittelpunktes mit jedem Flächenmittelpunkt herleitbar ist. Die Bilder 33 und 34 zeigen regelmäßige dodekaedrische Verbindungslinien.

Darüberhinaus sind acht Dodekaeder in der Lage, ein Stewartsches Toroid zu bilden, das sich durch einen Durchgang mit dem Umriß eines „goldenen Diamanten" auszeichnet.

So kann jedes Gebäude des Planeten „Goldener Diamant" als Toroid aus ausschließlich Dodekaedern rekonstruiert werden. Die beiden oberen Reihen in Bild 35 zeigen die Goldenen Isozonoeder als Toroide aus Dodekaedern. Die Figuren der unteren Reihe sind verschiedene Toroide nach dem Vorbild einer Zellteilung, die ikosaedrische Symmetrie erlangen.

Das Universum Platos ist nichts anderes als eine Molekel des Planeten „Goldener Diamant"!

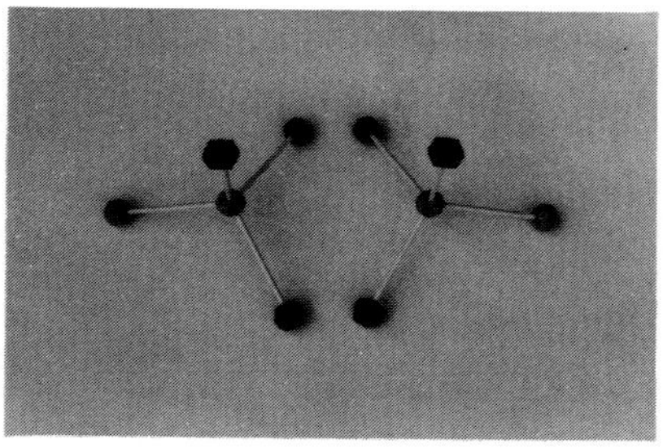

Stereo-Isomer

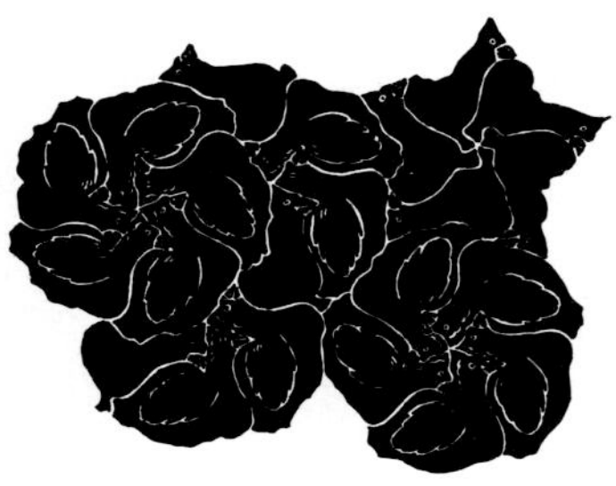

Penrosesches wesentlich nicht-periodisches Muster. Komposition aus Hennen.

35

Toroide aus Dodekaedern. Erste bis zweite Reihe von links nach rechts, A_6, O_6, B_{12}, F_{20} und K_{30}. Die untere Reihe zeigt eine Zellteilung gemäß ikosaedrischer Symmetrie.

13
Vier orthogonale Achsen Gitter von Descartes

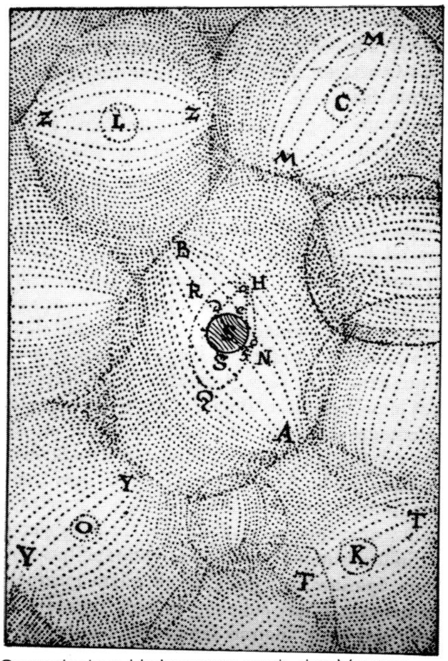

Cartesisches Universum nach der Vortex-Theorie. Aus "Principia philosophiae".

Das Universum, das, wie wir bisher sahen, mit Polygonen und Polyedern ausgefüllt sein mag, ist nun auch noch voll von geheimnisvollen Rätseln.

Einstein, Fuller und andere haben aus der Perspektive der vierten Dimension versucht, die Rätsel zu lösen und damit einen großen Beitrag für die Zukunft der Menschheit geleistet. Vom Standpunkt der (n + 1)-ten Dimension aus gesehen offenbart der n-dimensionale Raum sein eigentliches Wesen, so daß er gänzlich erfaßt werden kann.

So kommt es, daß das im 3-dimensionalen Raum lebende Menschengeschlecht mit 2-dimensionalen Ereignissen, Polygonen, eng vertraut und an sie gewöhnt ist, nicht aber an Polyeder.

Dessen ungeachtet entsteht die Welt der Polyeder durch Kombination einiger zweidimensionaler Ebenen im dreidimensionalen Raum, was bei Plato den Eindruck hervorrief als würde man den 3-dimensionalen Raum zerschneiden. Das heißt mit anderen Worten, daß Polyeder, da sie viele Unklarheiten in sich bergen, einen Grenzbereich markieren, in dem die 2. und 3. Dimension koexistieren. Um diese Dunkelheit zu erhellen, ist es deshalb unumgänglich, den Standpunkt einer 4. oder höheren Dimension einzunehmen.

Aus diesem Grund wurden in dem vorliegenden Buch bereits einige höher-dimensionale Figuren behandelt. Der fesselnde Planet des Goldenen Diamanten umfaßt 6 Dimensionen. Ein-seitige Polyeder, sternförmige Polyeder usw. sind allesamt vierdimensional, denn ihre Flächen schneiden sich in irgendeiner Linie, nicht nur in den Kanten.

Um das dermaßen verwirrende Universum der Polyeder aus dem Blickwinkel einer höheren Dimension betrachten zu können, ist es ratsam, verschiedene Koordinatensysteme vorzustellen.

Im 4. Jahrhundert v. Chr. versicherte Aristoteles in der Einleitung von "De Caelo", daß es in unserem Raum nur drei zueinander senkrecht stehende Richtungen gäbe und daß die Zahl „drei" bedeutungsvoller sei als die Zahl „vier", die Plato seinerseits für entscheidend hielt.

Auch die Chinesen Chuang-Tzū und Chun-Nan-Tzū usw. wiesen darauf hin, daß das Universum, „Yü-Chu", mit dem Faktor Raum, „Yü", sechs Richtungen habe, nämlich ost, süd, west und nord, oben und unten und der Faktor Zeit, „Chu", einer anderen Richtung folge.

Auf diese Weise war schon vor Christi Geburt die These des 3-dimensionalen rechtwinkligen Koordinatensystems gelegentlich durchsetzt von Vorstellungen der vierten Dimension.

In der Zeit nach Christi Geburt wurde die Aristotelische Denkweise durch verschiedene Repräsentanten der folgenden Jahrhunderte wie Ptolemäus, J. Buridan, Galilei usw. überliefert.

R. Bacon sagt in "Opus Majus", daß der Raum 3 Koordinatenachsen habe, die durch den Würfel oder die Dreieinigkeit symbolisiert würden, während die Zeit in einer weiteren Achse zum Tragen käme.

Gemeinhin wird jedoch behauptet, daß der Entdecker des dreidimensionalen rechtwinkligen bzw. schiefen Koordinatensystems Descartes, Zeitgenosse Galileis und Keplers, gewesen sei, und so ist die Bezeichnung dreidimensionales ,,cartesisches" Koordinatensystem entstanden.

In dieser Zeit rezipierte Descartes die Wirbel-Theorie, nach der herumwirbelnder Staub und Schmutz und nicht die harmonisierenden Polyeder des Keplerschen Universums den Weltraum erfüllen. Aus einem derart chaotischen cartesischen Universum sind die Koordinatenachsen eine natürliche Konsequenz.

Kurz zuvor aber hatte Kepler von sich aus drei orthogonale Richtungen im Raum verwendet, um die Unklarheiten über die Gestaltungsart der Schneeflocken aufzuhellen. Auch kannte er ein rhombisch dodekaedrisches und sogar ein oktaedrisch tetraedrisches Gitter wie an vorangegangener Stelle bereits erwähnt.

Descartes, der Keplers Abhandlung über die sechseckige Schneeflocke gelesen hatte, hielt lediglich das bekannteste solcher Gitter, nämlich das orthogonale, d.h. rechteckig ausgerichtete für besonders wichtig.

Jedoch korrespondieren ein rhombisch dodekaedrisches Gitter, aus dem ein Diamantgitter hervorgeht, mit der 4. Dimension, ein oktaedrisch-tetraedrisches mit der 6. Dimension, so Fuller.

Ein Diamantgitter, welches die Anordnung der Kohlenstoffatome in der Molekularstruktur eines Diamanten entscheidet, ist von solcher Gestalt, daß vier, sich in einem rhombischen Dodekaeder kreuzende Linien (wie in Bild 52, unten) rhombisch verknüpft werden.

Wenn zwei Diamantgitter, blau bzw. rot gefärbt, derart ineinander verschränkt sind, daß sie alle Gitterpunkte gemeinsam haben, wie in Bild 52, oben, stellen sie eine Projektion der positiven blauen bzw. negativen roten 4-dimensionalen Koordinatenachsen auf den 3-dimensionalen Raum dar.

Flächenbezogene Zusammensetzung gestutzter Ikosaeder, nämlich Fußbällen, einem rhombisch dodekaedrischen Gitter entsprechend.

Darstellung des Winkels 109°28' in Form einer Seifenblasen-Anordnung

In gewissem Sinn korrespondieren sie – paarweise 109°28′ – mit einer Projektion der positiven oder negativen 3-dimensionalen Koordinatenachsen – 120° – auf den 2-dimensionalen Raum.

Daher sind 109°28′, zu sehen in einem Tetraeder, Bild ❺❷, Mitte, äquivalent zu 120°.

Geometer nennen diesen Winkel nach zwei Astronomen des mittleren 18. Jahrhunderts „Maraldischen Winkel".

Vom Diamanten abgesehen gibt es in der Natur viele Beispiele dieses Winkels: echte Honigwaben, Granatapfelsamen usw., um mit Kepler zu sprechen.

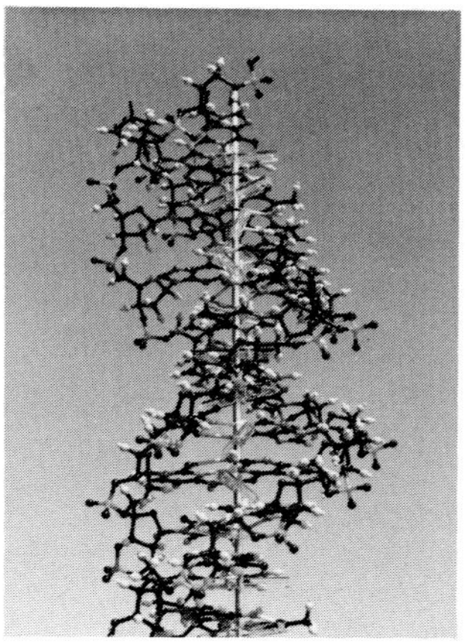

Molekulare Struktur der DNS

Kuniaki Ito, ein experimentell arbeitender japanischer Architekt, fand ebenfalls einen derartigen Gitterkomplex des kubischen und des oktaedrisch-tetraedrischen Typs, deren Ecken zusammenfallen. Ersterer eignet sich besonders zur Raumgestaltung von Wohnbauten, letzterer bietet sich für die entsprechenden Strukturelemente an. So wählte er diesen Komplex für verschiedene architektonische Projekte.

In diese Itosche Kombination kann ein vierdimensionales ortogonales Achsensystem in der Art eines rhombisch dodekaedrischen Gitters, d.h. eines Diamantgitters, eingefügt werden, so daß wiederum alle Ecken zusammenfallen (Bild ❺❸). In der Abbildung sind das kubische Gitter blau, das oktaedrisch-tetraedrische Gitter rot und das rhombisch dodekaedrische Gitter grün gekennzeichnet.

Dieses Diamantgitter entsteht, wenn ein Körpermittelpunkt mit vier passenden Ecken zu einem Polyeder verbunden wird, so daß es die Symmetrieeigenschaften der Ikosaeder-Gruppe hat, und so daß, der Gitterstruktur entsprechend, gestutzte Ikosaeder – als Muster von Fußbällen gut bekannt – Fläche an Fläche unendlich aneinandergereiht werden können. Diese Verbindungen können in einem kubischen Gitter nicht hergestellt werden.

Die dichteste sowie die loseste Kugelpackung korrespondieren ebenfalls mit dem rhombisch dodekaedrischen Gitter sprich Diamantgitter, d.h. mit dem oben erwähnten Maraldischen Winkel.

Der rechte Winkel ist in Kunst und Natur, selbst in 3-dimensionaler Form, recht unüblich.

Nach Fullers Ausführungen in „Synergetics" ist das kubische Gitter ein nahezu instabiles Gerüst eines Luftschlosses, erfunden von Mathematikern. Seiner Meinung nach expandiert das Universum ins Unendliche, in der äußeren Gestalt eines kubischen Oktaeders, das manchmal die Gestalt eines rhombischen Dodekaeders annimmt, ein duales Polyeder des Kuboktaeders mit vier Koordinatenachsen im 4-dimensionalen Raum.

Kürzlich behauptete ein Astronom, daß der Planet Uranus aus Diamant sei. Sollte das der Fall sein, existiert dort die 4. Dimension.

Die molekulare Struktur des den Saturn bedeckenden Eises wird ebenfalls von einem Diamantgitter bestimmt. Es ist daher nicht notwendig, Uranus zu besuchen, möchte man den 4-dimensionalen Raum erfahren.

Von diesen Regionen weit entfernt ist der menschliche Körper vollgestopft mit der DNS, deren Struktur von Maraldischen Winkeln beherrscht wird.

Das bedeutet, wir haben vier Dimensionen in uns selbst!

14
Polytope
Juwelen von Schläfli

Hyper-Netz eines 120-Zellers

Es gibt nicht nur einen einzigen 3-dimensionalen Raum, sondern unzählige innerhalb des 4-dimensionalen Raumes.

Einen Teil eines solchen 3-dimensionalen Raumes nennt man üblicherweise eine Zelle oder eine Hyperebene im 4-dimensionalen Raum. Ein geschlossenes Polyeder und eine polyedrische Zelle unterscheiden sich grundsätzlich voneinander. Ersteres besitzt keinen Innenraum, letztere dagegen hat einen. Die von Plato definierten Polyeder sind die erstgenannten. Die von Fuller, einem vierdimensionalen Denker, definierten müssen die Innenräume aufweisenden polyedrischen Zellen sein.

Eine vierdimensionale Figur, die mit einem dreidimensionalen Polyeder korrespondiert, ist ein Polytop oder ein 4-Polytop. Es ist aus polyedrischen Zellen konstruiert, von denen jeweils zwei eine gemeinsame Fläche haben.

Eine Handvoll Erde, ein Wassertropfen, eine Flamme, ein Windstoß, sogar ein Vakuum bilden jeweils eine solche Zelle. Das dreidimensionale Universum, das aus unendlich vielen dieser sich jeweils mit einer Fläche berührenden Zellen besteht, ist ein 4-dimensionales Polytop.

Die ebenmäßigsten Polytope sind die von Schläfli Mitte des 19. Jahrhunderts entdeckten **sechs regulären Polytope.**

Das aus fünf regulären tetraedrischen Zellen bestehende 5-zellige korrespondiert mit dem regulären Tetraeder; jeweils drei Zellen formieren sich an jeder Kante.

Das aus acht kubischen Zellen bestehende 8-zellige (vierdimensionaler Hyperwürfel) korrespondiert mit dem Würfel; jeweils drei Zellen formieren sich an jeder Kante.

Das aus 16 regulären tetraedrischen Zellen bestehende 16-zellige korrespondiert mit dem regulären Oktaeder; jeweils vier Zellen formieren sich an jeder Kante.

Das aus 24 regulären oktaedrischen Zellen bestehende 24-zellige korrespondiert mit keinem regulären Polyeder; jeweils drei Zellen formieren sich an jeder Kante.

Das aus 120 regulären dodekaedrischen Zellen bestehende 120-zellige korrespondiert mit dem regulären Dodekaeder; jeweils drei Zellen formieren sich an jeder Kante.

Als letztes korrespondiert das aus 600 regulären tetraedrischen Zellen bestehende 600-zellige mit dem regulären Ikosaeder; jeweils fünf Zellen formieren sich an jeder Kante.

Eine solche abstrakte Erklärung in Analogie zu den 3-dimensionalen regulären Polyedern bereitet keine Schwierigkeiten.

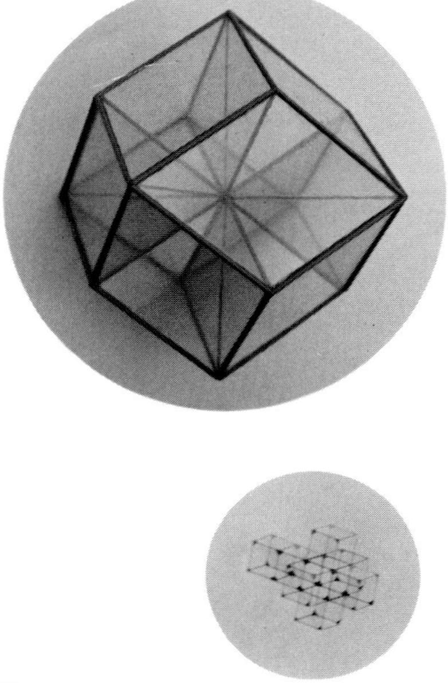

36

Hyperwürfel (oben) und sein Netz als räumlicher Drachen

Bezüglich der konkreten Gestalt der Polytope bleiben noch viele Fragen offen, auf deren Antworten jedermann gespannt ist.

Das stabile Gerüst dieser undurchschaubaren Gestalten bildet das oben erwähnte Diamantgitter.

Bettet man in das Gitter eine vierdimensionale Figur ein, so wird die Funktion des rechten Winkels des 3-dimensionalen Raumes durch 109°28′ bzw. den Supplementwinkel 70°32′ erfüllt, und vier kubische Zellen z.B. verwandeln sich in ein Rhomboeder, um ein rhombischen Dodekaeder zu bilden (Bild 52, unten).

Der obere Teil des Bildes 36 stellt die dreidimensionale Projektion eines vierdimensionalen Würfels dar. Nur die in vier Richtungen verlaufenden Segmente repräsentieren die Kanten und die anderen, durchsichtigen, in drei zueinander senkrecht verlaufenden Richtungen stellen nur vierdimensionale Schnitte der Flächen dar, wie wir es bereits bei ein-seitigen oder sternförmigen Polyedern gesehen haben. Zwei Ecken fallen im Körpermittelpunkt zusammen.

Der untere Teil des Bildes 36 zeigt ein Hypernetz eines 4-dimensionalen Hyperwürfels, in der acht 3-dimensionale Würfel flächenberührend miteinander verbunden sind. Sie erinnert an das Kreuz Jesu in Dalis Gemälde.

Ein solcher Hyperwürfel führt eine Neuerung auf dem Gebiet der modellhaften Darstellung regulärer Polytope durch Projektion auf den 3-dimensionalen Raum (Bild 54) herbei:

In der obersten Reihe sieht man einen 5-Zeller als **Hypertetraeder**. Zuerst wird mit Hilfe von vier grünen, flachen Tetraedern (links) ein reguläres Tetraeder (Mitte) konstruiert. Dann werden sie in ein blaues reguläres Tetraeder (rechts) gehüllt. Das ist alles. Das so gewonnene Tetraeder kann auch durch die Kanten wie in der Mitte von Bild 52 dargestellt werden.

Von daher hat die vierdimensionale Wassernuß fünf Spitzen.

Der oben erwähnte 8-zeller in Form eines **Hyperwürfels** ist in der zweiten Reihe zu sehen. Zunächst bilden vier grüne flache Rhomboide (links) ein rhombisches Dodekaeder (Mitte). Dann läßt man vier ähnliche blaue Rhomboide verkehrt herum ineinandergreifen, was in unserem 3-dimensionalen Raum allerdings unmöglich ist. Das ist wiederum alles.

Deshalb hat ein vierdimensionaler Würfel eins zu acht sphärische Orte in acht Rhomboiden.

In der dritten Reihe ist der 16-zeller als **Hyperoktaeder** dargestellt. Es wird auf jede Fläche eines roten regulären Tetraeders (links außen) eine grüne reguläre 3-seitige Pyramide gesetzt, deren Seitenflächen aus rechtwinkligen Dreiecken bestehen, so daß ein Würfel mit einer Diagonalen in jeder Fläche erscheint (zweite Figur von rechts). Nun wird auf jede Fläche des Würfels ein blaues Quadrat gesetzt, das zwei Diagonalen hat. Dann werden neu entstandene Kanten, die auf den Flächen des vorangegangenen Würfels nicht erschienen sind, in dem Würfel vier neue, grüne reguläre 3-seitige Pyramiden bilden, und weiterhin ein rotes reguläres Tetraeder in Umkehrung der Reihenfolge. Das ist alles.

Daher wird ein vierdimensionaler Diamant oft in dieser Struktur abgebaut.

Der **24-zeller** ist in der vierten Reihe zu sehen. Es wird auf jede Fläche eines roten regulären Oktaeders (links außen) ein blaues flaches Oktaeder gesetzt, um ein Kuboktaeder mit zwei Diagonalen auf seinen quadratischen Flächen zu produzieren (zweite Figur von links). Der Rest ist wie beim 16-zeller.

Es gibt kein 3-dimensionales reguläres Polyeder, daß mit dem 24-zeller korrespondiert. Nach Coxeter allerdings ist dies ein Hyper-rhombisches-Dodekaeder. Der vierdimensionale Samen des Granatapfels ist somit ein 24-zeller.

Der 120-zeller befindet sich in der fünften Reihe. Hier wird ein ockergelbes Dodekaeder auf jede Fläche eines roten regulären Dodekaeders (links außen) gesetzt, so daß sich zwanzig Vertiefungen ergeben. Nun werden graue und grüne Dodekaeder aufgesetzt, um eine konvexe 42-flächige äußere Form zu produzieren, die dreißig parallelseitige Sechsecke hat. Darüberhinaus setzt man auf jedes Sechseck ein blaues Sechseck als Erhebung des in Bild (40) gezeigten regulären Dodekaeders. Dann werden ihre Kanten die vier oben erwähnten Arten von Dodekaedern erzeugen, in Umkehrung der Reihenfolge. Das ist alles. Diese Konstruktionsmethode wurde schon in (43) erklärt.

Darum haben vierdimensionale Pollen der Gypsophila elegans (eine Art des Gipskrautes) 20 sphärische Öffnungen.

Zum Schluß haben wir in der letzten Reihe den 600-zeller. Mit Hilfe von zwanzig roten Tetraedern (links außen) wird eine rote reguläre ikosaedrische Zusammenballung konstruiert (zweite Figur von links), deren äußere Flächen jeweils mit einem gelben Tetraeder besetzt werden, so daß man eine Sternform erhält (dritte Figur von links). Der Rest ist wie beim 120-zeller.

(54) ▶

Konstruktionsprozeß regulärer Polytope. Von oben nach unten, der 5-, 8-, 16-, 24-, 120- und 600-Zeller. Die jeweils linken Körper zeigen die Innenzellen, die rechten das äußere Erscheinungsbild.

(55) ▶

„Visuelles 3-Zeichen-Rotations-Gedicht" von Toshihiro Katayama, in dem Hyperwürfel erscheinen.

(56) ▶

Abstumpfung eines 5-Zellers durch Hyperebenen, die die Kanten in drei Punkten gleichen Abstands (obere Reihe) bzw. in den Mittelpunkten (untere Reihe) schneiden.

Geometrische Gesichtsaufteilung der Kisshoten, einer japanischen göttlichen Jungfrau. Iyoruri-ji-Tempel, Kyoto. 12. Jahrhundert. Links eine ikosaedrische Folie nach Matila Ghyka. ABCDEFGH ist ein regelmäßiges Ikosaeder, EF : EG = 1 : 1,618, IJKL gleicht einem Quadrat. Wäre sie eine Schönheit westlicher Prägung, würden O und P mit ihren Pupillen zusammenfallen, Q mit ihrer Nasenspitze, B mit der Mitte ihres Mundes, R mit ihrer Unterkieferpartie, S mit ihrem Scheitel, M und N mit den jeweiligen Seiten ihres Gesichts. Das rechte Bild zeigt einen Versuch des Autors mit Hilfe eines Oktaeders. ABCD ist ein Oktaeder, EH : EF = 1 : $\sqrt{2}$, IFGJ ein Quadrat, während B und D die Schnittlinien in der Skulptur markieren.

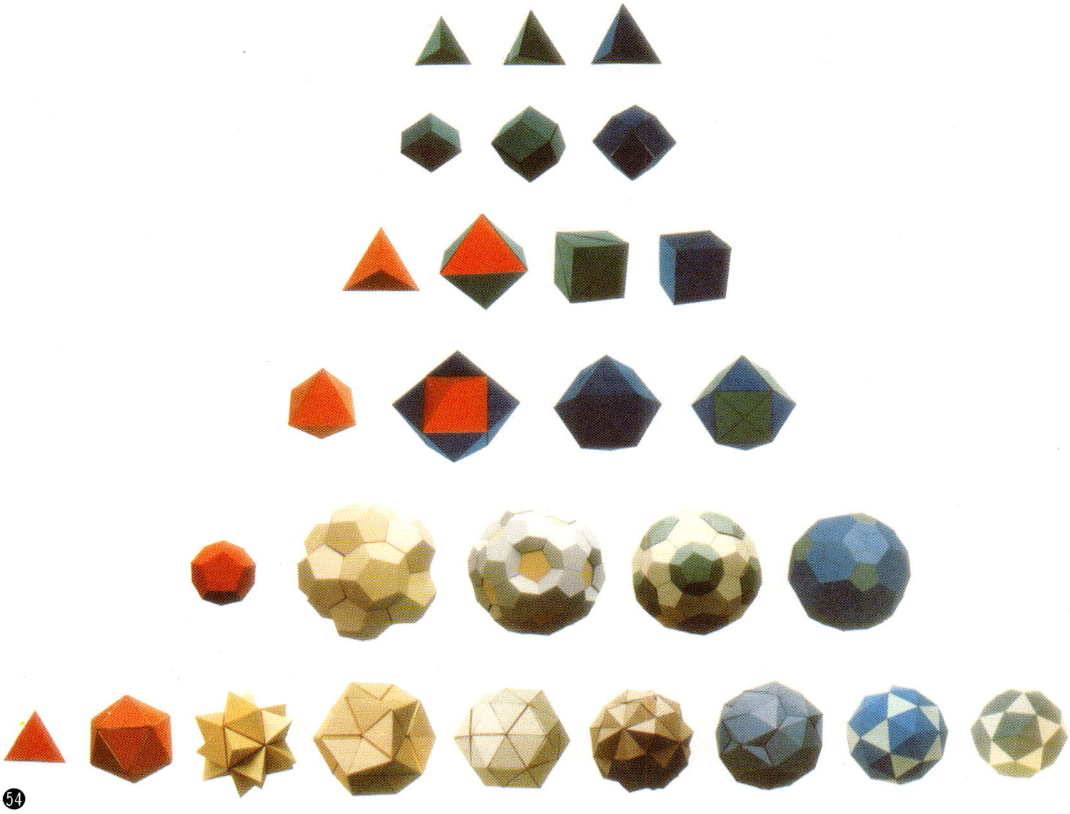

54

55

56

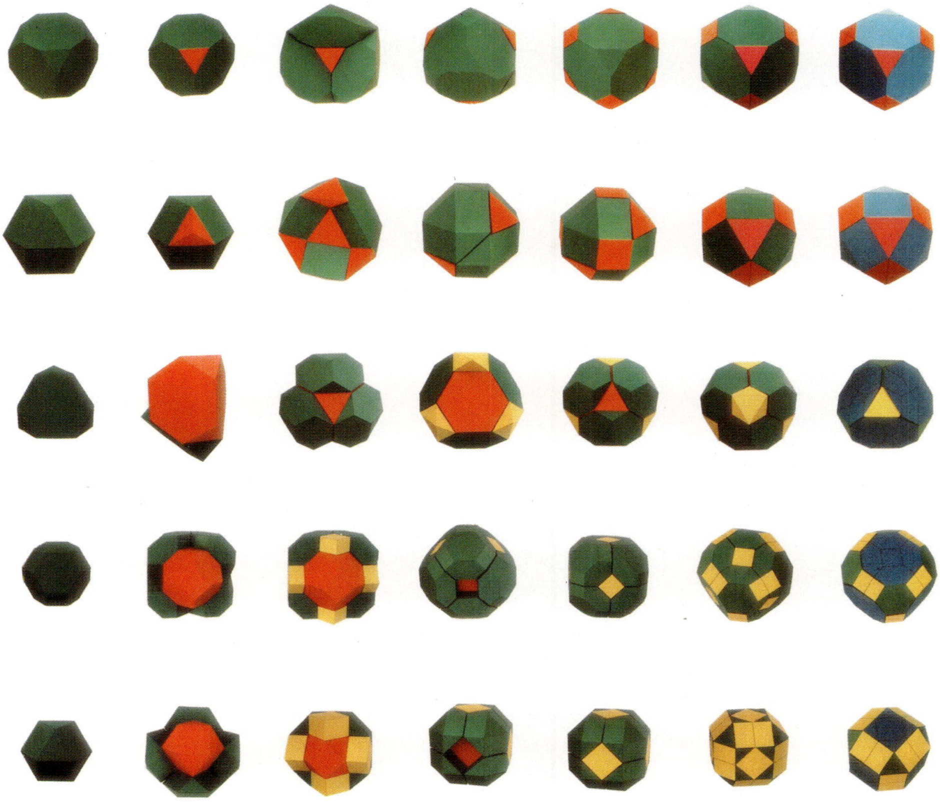

57

58

37

Höher-dimensionale reguläre Polytope. Von links nach rechts, 40-dimensionales Hypertetraeder, 7- und 8-dimensionale Hyperwürfel, 22-dimensionales Hyperoktaeder.

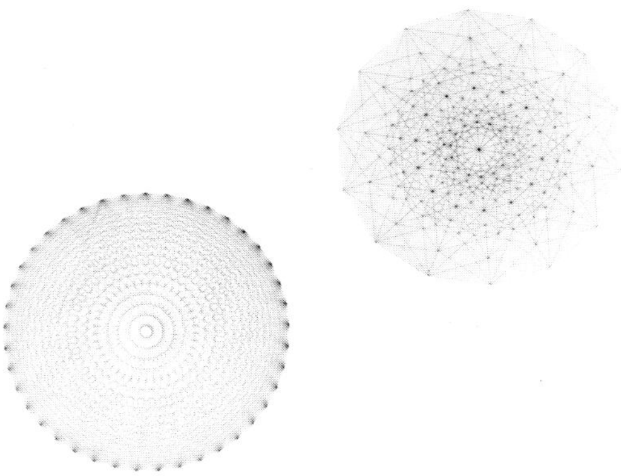

Vierdimensionales Temari analog einer Räuchervase auf S. 6. Jene Räuchervase ist mit zwölf pentagonalen flachen Blüten ausgestattet, die jeweils eine fünfeckige Fläche eines sphärischen Dodekaeders einbeschreiben. So gesehen ist ein vierdimensionales Temari dieser Art mit 120 regulären dodekaedrischen dicken Blüten ausgestattet, die ihrerseits auf die Struktur einer regulären dodekaedrischen Zelle des 120-Zellers festgelegt sind.

Nach M. Ghika haben die Gesichtsproportionen dreidimensionaler Schönheiten der westlichen Hemisphäre eine Beziehung zum regulären Ikosaeder. So gesehen bezöge sich die Erscheinung einer vierdimensionalen Schönheit auf den soeben beschriebenen 600-zeller.

Japanische Gestaltungsweise nähert sich eher dem regulären Oktaeder, d.h. dem 16-zeller. Denn man sagt, daß die mit einem regulären Ikosaeder in Verbindung stehende goldene Proportion in den Formschönheiten des Westens zu finden ist, während es andererseits so scheint, als bevorzuge Japan die Proportion $1 : \sqrt{2}$.

Im 5- oder höher-dimensionalen Raum gäbe es jedoch nur Formen japanischen, nicht aber westlichen Stils, denn in solchen Raumdimensionen existieren ausschließlich drei reguläre Polytope: das mit dem regulären Tetraeder korrespondierende n-dimensionale reguläre $(n + 1)$-Polytop, das mit dem Würfel korrespondierende n-dimensionale reguläre 2n-Polytop und das mit dem regulären Oktaeder korrespondierende n-dimensionale reguläre 2^n-Polytop.

Bedauerlicherweise können wir diese Strukturen nicht wahrnehmen, denn es gibt kein entsprechendes Koordinatensystem, das z.B. mit dem Diamantgitter des 4-dimensionalen Raumes vergleichbar wäre. Wir müssen uns deshalb mit einer groben Skizze bzw. mit einem topologisch verdrehten Diagramm begnügen.

Diese Skizze überträgt ein n-dimensionales reguläres $(n + 1)$-Polytop in ein regelmäßiges $(n + 1)$-Eck mit all seinen Diagonalen, sprich in ein bekanntes Diamantmuster, ein n-dimensionales reguläres 2n-Polytop in ein regelmäßiges 2n-Eck mit inneren, zueinander parallelen Kanten, die in bezug auf ihre Länge allen Kanten eines ursprünglichen 2n-Ecks gleich sind; und ein n-dimensionales reguläres 2^n-Polytop wird zu einem regelmäßigen 2n-Eck mit allen Diagonalen ausgenommen derjenigen, die, bezüglich des Mittelpunktes, gegenüberliegende Scheitelpunkte verbinden.

Bild 37 präsentiert ein hyper-reguläres Tetraeder im 40-dimensionalen Raum, einen 7- und 8-dimensionalen Würfel und ein 22-dimensionales hyper-reguläres Oktaeder, von links nach rechts.

◀57

Abstumpfung eines Hyperwürfels, des 16- und des 24-Zellers, durch Hyperebenen.

◀58

Konstruktionsprozeß eines vierdimensionalen kleinen sternförmigen Dodekaeders.

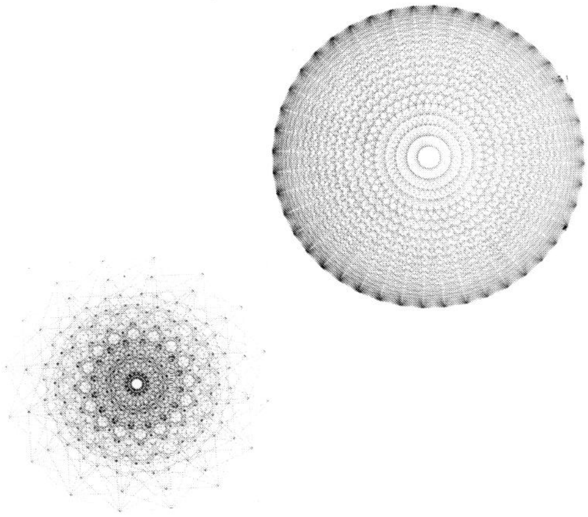

In Bild (55) können wir das Werk eines japanischen, in den USA lebenden, experimentellen Malers, namens Toshi Katayama betrachten. Ein Brett, das aussieht wie ein Komma und das aus vier farbigen Rhomben, rot, schwarz, blau und gelb, gemacht ist, wurde auf einem regelmäßig achteckigen, aus acht ähnlichen Rhomben bestehenden Brett angebracht. Dreht man das kommaartige Gebilde um seinen Mittelpunkt, erscheint zeitweise die Projektion eines 4-dimensionalen Würfels und verschwindet. Die auf dem Brett vereinzelt zu sehenden Buchstaben formieren sich zu einem Gedicht von O. Paz, der sich als Poet von diesem sich durch Drehung verkehrenden Kunstwerk anregen ließ. Gewöhnlicherweise schreibt man ein Gedicht, bevor es mit Illustrationen versehen wird, bei dieser Kreation jedoch ist auch die Vorgehensweise umgedreht.

Gleichermaßen sind die in dreidimensionaler Kunst und Natur erscheinenden Schatten höher-dimensionaler regulärer Polytope klar umrissen.

Selbst die fünf Fedorovschen Parallelflächner, die verschiedene Gestaltungsformen aus dreidimensionaler Kunst und Natur umfassen, sind bloße Schatten höher-dimensionaler Würfel; von links nach rechts präsentieren die Formen in Bild [19] jeweils die Schatten eines 3-, 4-, 9-, 4- und 5-dimensionalen Würfels.

Jede Figur aus Bild [37] ist vergleichbar mit den von Haeckel gezeichneten Strukturen der Radiolarien, der beim Gehen eine verblüffende Geschwindigkeit an den Tag legte, bzw. mit den Strukturen der geodätischen Kuppeln, kreiert von Fuller, der beim Sprechen ein atemberaubendes Tempo vorlegte.

Alle 3-dimensionalen Gestaltungen – einschließlich Plato und Aristoteles – sind vielleicht tatsächlich die Schatten der entsprechenden einfachen höher-dimensionalen Figur.

Möglicherweise sind alle Menschen nicht nur Brüder, sondern auch Bestandteil ein und desselben Körpers.

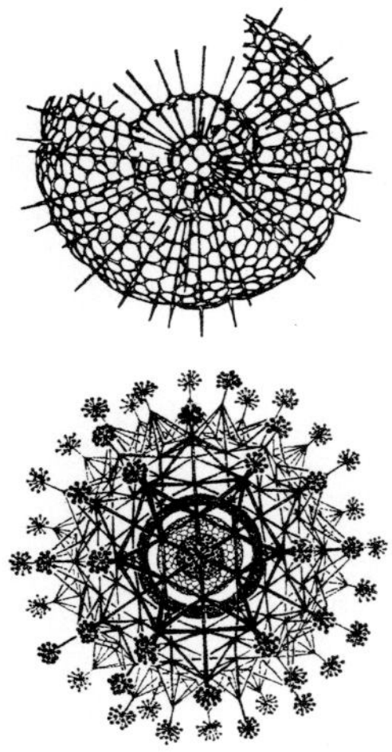

Höherdimensionale Struktur der Radiolarien. Nach Ernst Haeckel.

(59) ▶

Konstruktionsprozeß des vierdimensionalen unmöglichen Vierseit. Nach Scott Kim. Links im Bild die Einheit, rechts die endgültige Formation.

(60) ▶

Vierdimensionale Postkarte und vierdimensionales Buch (rechts). Die Längen ihrer senkrecht zueinander stehenden Kanten haben das Verhältnis 1 : 1,618 : 2,618 bzw. $1 : \sqrt[3]{2} : \sqrt[3]{4}$.

(61) ▶

Die Botschaft eines vierdimensionalen Wesens. Origamis als Hyper-Hieroglyphen von einem Architekten namens Tokushige Terada.

59

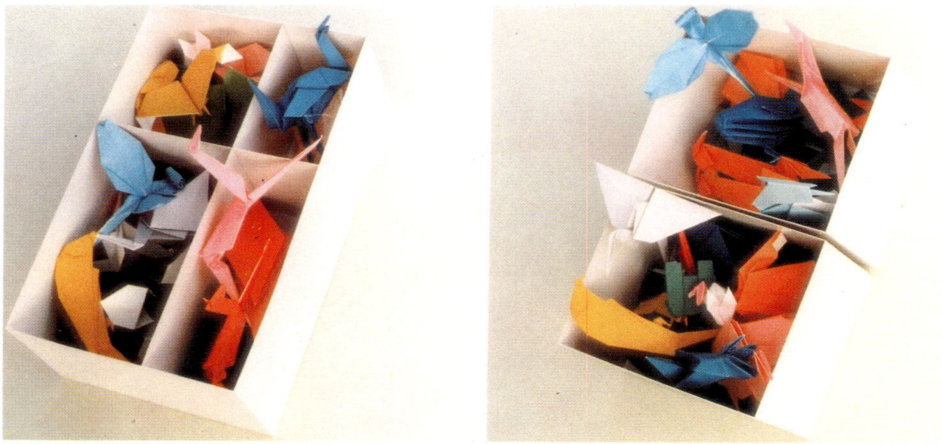

60

61

15
Hypersterne, Hyperblumen, Hyperschnee
Der Geschmack von Coxeter

Vierdimensionaler Fußball. Ein dreidimensionaler Fußball hat die Gestalt eines gestutzten Ikosaeders, dessen sphärische pentagonale Flächen schwarz, die hexagonalen weiß gehalten sind. Somit hätte ein vierdimensionaler Fußball die Gestalt eines abgestumpften 600-Zellers, dessen ikosaedrische bzw. abgestumpfte tetraedrische Zellen sich jeweils in schwarz und weiß ausdehnen.

Vierdimensionale Winde mit Blättern. Eine dreidimensionale Winde besitzt die Gestalt eines kreisförmigen Kegels, dessen Grundfläche ein kreisförmiges regelmäßiges Fünfeck ist. Wie bei einer dreidimensionalen Pflanze üblich, sind die Blätter dreigliedrig. Demnach muß eine 4-dimensionale Winde von der Gestalt eines hyper-kreisförmigen Kegels sein, dessen Grundfläche ein sphärisches Dodekaeder ist. An einer vierdimensionalen Pflanze hat ein Hyperblatt vier dicke Glieder.

◄ (62)
Explosion des vierdimensionalen Platonischen Universums als 120-Zeller

Das Universum verändert sich permanent.

Daraus folgt, daß die regulären 4-dimensionalen Polytope, die möglicherweise das zukünftige Universum ausmachen, in ihrer Erscheinungsform variabel sein müssen.

Die obere Reihe im Bild (56) demonstriert eine Transformation eines 5-Zellers in fünf reguläre tetraedrische Zellen und fünf gestutzte tetraedrische Zellen, indem jede Ecke durch Hyperebenen, die die Dreiteilungspunkte der Kanten schneiden, beschnitten wird: Um ein rotes reguläres Tetraeder werden vier gelbe flache gestutzte Tetraeder angeordnet. Dann überstülpt man die vier Ecken mit vier blauen regulären dreiseitigen Pyramiden, mit sozusagen deformierten Tetraedern. Zum Schluß wird alles mit Ausnahme der blauen Pyramiden in grüne gestutzte Tetraeder eingehüllt.

Die untere Entwicklungsreihe im Bild verläuft derart, daß alle Kanten des 5-Zellers halbiert werden. Jeweils fünf reguläre Tetraeder (rot und blau) und gestutzte Tetraeder (gelb und grün) werden wie gesagt angeordnet. Dies mag eine Einheit der hyper-oktaedrisch-tetraedrischen Honigwabe sein.

In Bild (57) wird die Abstumpfung eines Hyperwürfels sowie eines 16-Zellers verdeutlicht, die beide mit dem 3-dimensionalen Würfel und dem regulären Oktaeder korrespondieren, anders ausgedrückt: gemäß Bild [8] werden in Bild (57) Hyperdiamanten in einem Diamantgitter als vierdimensionalem Koordinatensystem dargestellt.

In der obersten Reihe haben wir die Abstumpfung des 4-dimensionalen Würfels in Form einer Dreiteilung aller Kanten. Es sind sechzehn reguläre tetraedrische Zellen (rot) und acht gestutzte kubische Zellen (grün und blau) entstanden.

Die zweite Reihe zeigt die Abstumpfung eines 4-dimensionalen Würfels mittels einer Halbierung aller Kanten. Es sind hier sechzehn reguläre tetraedrische Zellen (rot) und acht kubisch oktaedrische (grün und blau) entstanden. So kann man sich ein Hyper-Kuboktaeder vorstellen.

Die äußere Gestalt des vierdimensionalen Fullerschen Universums müßte diese Form, nicht die eines Kuboktaeders aufweisen.

Die Abstumpfung des 16-Zellers in der dritten Reihe korrespondiert wieder mit einer Dreiteilung aller Kanten, und wir haben acht regelmäßige oktaedrische Zellen (gelb) und sechzehn abgestumpfte tetraedrische Zellen (rot, grün, blau).

Dieses könnte der Hyper-Kelvinsche-Körper sein, der allerdings nicht in der Lage ist, infolge gemeinsamer Zellen den 4-dimensionalen Raum zu erfüllen.

Die Abstumpfung des 24-Zellers mit einer Dreiteilung aller Kanten sehen wir in der vierten Reihe. Vierundzwanzig kubische Zellen (gelb) und vierundzwanzig gestutzte oktaedrische Zellen sind daraus hervorgegangen.

In der letzten Reihe wird die Abstumpfung des 24-Zellers aufgezeigt, wieder derart, daß alle Kanten halbiert werden. Somit gibt es vierundzwanzig kubische (gelb) und vierundzwanzig kuboktaedrische Zellen (rot, grün, blau).

Jenseits unserer Möglichkeit eines unmittelbaren Zugriffs glitzern Diamanten tief in der Erde.

Auf der anderen Seite scheinen außerhalb menschlicher Reichweite hoch am Himmel die Sterne.

Bild 58 zeigt uns die Sternformung des 120-Zellers, nicht als Super-Nova, sondern als Hyper-Stern.

Dieser Hyper-Stern korrespondiert mit dem kleinen sternförmigen Dodekaeder.

Hier ist die Erstellung einer Modellreihe nicht ganz so schwierig. Jede dodekaedrische Zelle (Bild 54, zweite Reihe von unten) wird durch eine kleine sternförmige dodekaedrische Zelle ersetzt. Einer Eigenart der Vierdimensionalität entsprechend schneiden sich die Arme gegenseitig. Die mit einem Sternchen markierte Figur zeigt die Sternformung der zentralen roten regulären dodekaedrischen Zelle, die mit einem runden Punkt markierte Figur die Sternformung der gelben Schicht, die mit einem Dreieck markierte Figur die Sternformung der grauen Schicht, die mit einem Viereck markierte Figur die Sternformung der grauen und der grünen Schicht und die mit einer Raute markierte Figur die Sternformung der äußersten Schicht. All die anderen kleinen Teile sind nebenbei auftretende Staubteilchen.

Sterne verbergen sich manchmal hinter dünnen Wolken mit der Gestalt einer 3-dimensionalen zweilagigen dichtesten Kugelpackung (Bild 18). Eine solche Form kann derart auf eine Ebene projiziert werden, daß zwei dichteste Kreisanordnungen einander in bestimmter Weise bedecken, und zwar so, daß die Kreise der einen Anordnung auf den Lücken der anderen liegen.

Dementsprechend müßten vierdimensionale Wolken, die dichteste 4-dimensionale Kugelpackung aus Hyperkugeln in zwei Lagen, derart auf den 3-dimensionalen Raum projiziert werden können, daß zwei dichteste Kugelpackungen in bestimmter Weise geschichtet sind, und zwar so, daß die Kugeln der einen auf den Lücken der anderen sitzen. Wenn dann alle Kugelmittelpunkte miteinander verbunden werden, entsteht eine Hyper-Honigwabe aus 16-Zellern. Dieser Form entspricht das Koordinatensystem des Fullerschen Universums.

Vierdimensionale rote Blätter. Ein 3-dimensionales Blatt ist feingliedrig mit gewöhnlich 1 + 2 + 2 = 5 Gliedern oder manchmal mit 1 + 2 + 2 + 2 = 7. Danach hat ein 4-dimensionales rotes Blatt 1 + 3 + 3 = 7 dicke Glieder oder manchmal 1 + 3 + 3 + 3 = = 10, entsprechend einem Hyperblatt einer vierdimensionalen Winde.

Vierdimensionale dünnste Wolke, die von dreidimensionalen Geometern als Gestalt zweier Schichten der dichtesten Kugelpackung (vgl. Bild 18) definiert wird. Dann wäre die vierdimensionale von der Gestalt zweier Schichten der dichtesten Hyperkugelpackung. Eine der Schichten kann als Form der dichtesten Kugelpackung auf den 3-dimensionalen Raum projiziert werden. Daher entsteht die vierdimensionale dünnste Wolke, wenn zwei solcher Packungen sich derart überlappen, daß die Kugeln der einen die Lücken der anderen überdecken.

Vom Autor gestaltete vierdimensionale Schneeflocken. Eine 3-dimensionale Schneeflocke breitet sich in Form eines regelmäßigen Sechsecks aus. Eine vierdimensionale Schneeflocke müßte sich dann in Form eines rhombischen Dodekaeders ausbreiten.

Solche Hyperwolken können nur Hyperschneeflocken hervorbringen.

David Brisson, ein moderner vierdimensional orientierter Designer, der bereits im vierdimensionalen Himmel weilt, stellte sich vierdimensionale Schneeflocken so vor wie sie in Bild 38 dargestellt sind.

Er dachte sich eine dreidimensionale Schneeflocke auf der Erde liegend (wie in der Abbildung), entstanden aus sich gegenseitig überlappenden gleichseitigen Dreiecken in der Art des „David"-Sterns. Dementsprechend verteilen sich vierdimensionale Schneeflocken am dunklen Himmel (siehe Abbildung), die alle aus sich gegenseitig überschneidenden regulären Tetraedern abgeleitet sind, so wie der Keplers „Stella Octangula". Die größte, transparente Flocke stammt von Brisson selbst.

Sie gleicht einem Würfel, der nach Keplers Betrachtungen („Über sechseckige Schneeflocken") angefertigt wurde.

Genauer gesagt hat sie die Form eines rhombischen Dodekaeders, entsprechend einem 4-dimensionalen Würfel. 1983 ließ das Raumschiff „Challenger", einem Vorschlag zweier japanischer Schüler folgend, eine Schneeflocke im schwerelosen Raum kristallisieren. Sie glich, wenn auch nicht mit Sicherheit, einem rhombischen Dodekaeder.

Obwohl Kepler vierdimensionale Schneeflocken genauso gut gekannt haben mag wie dreidimensionale, wird man ein entsprechendes Buch von ihm nicht unbedingt unter Schneeflocken vergraben finden. Seine Abhandlung „Über sechseckige Schneeflocken" lag bis zu ihrer Entdeckung zu Beginn dieses Jahrhunderts unter dem Staub einer Bücherei begraben.

Sollte sich die Erwartung erfüllen, ein solches Buch ausgraben zu können, wird folgendes darin zu lesen sein:

Wie blühen fünfeckige Blumen vierdimensional?

Höchstwahrscheinlich blühen sie wie sternförmige Dodekaeder in Bild 31, in dem auch Knospen erscheinen.

38

Vierdimensionale Schneeflocken mit ihren dreidimensionalen Entsprechungen. Nach David Brisson.

16
Hyperkosmos
Zukunft von Einstein

Drei halbkreisförmige Kanäle

Unmögliches Dreieck

Multidimensionale Figuren der Zukunft haben auch eine Vergangenheit.

Mitte des 19. Jahrhunderts entdeckte L. Schläfli sechs 4-dimensionale reguläre Polytope sowie jeweils drei 5- oder höher-dimensionale reguläre Polytope. Auch kannte er einige sternförmige reguläre Polytope, einige Hyperhonigwaben usw.

Um 1900 waren viele sachkundige Leute von dem mehrdimensionalen Raum bzw. den höher-dimensionalen Polytopen genauso begeistert wie jene Genies des antiken Griechenland oder der Renaissance von dem 3-dimensionalen Raum oder den Polyedern.

Der Mathematiker H. Poincaré, der als der letzte vielseitige Denker gilt, veröffentlichte einige Bestseller, die verschiedene Erkenntnisse über Multidimensionalität beinhalten.

In "Science et Méthode" sagt er, daß ein Mensch drei Dimensionen durch drei halbkreisförmige Kanäle wahrnimmt. Eine Maus in Japan, die nur zwei halbkreisförmige Kanäle zur Verfügung hat, müßte demnach überzeugt sein, in einem 2-dimensionalen Raum zu leben. Unter dieser Voraussetzung besteht die Möglichkeit, daß vierdimensionale Lebewesen existieren, die vier halbkreisförmige Kanäle haben.

In einer Zeit so gearteter multidimensionaler Orientierung veröffentlichte Einstein auf der Basis des vierdimensionalen Verhältnisses von Raum und Zeit seine Relativitätstheorie.

Möglicherweise sind damals alle diesbezüglichen Themen über den vierdimensionalen Raum diskutiert worden.

Kürzlich entdeckte jedoch S. E. Kim eine weitere seltsame Figur, ein 3-dimensionales „unmögliches Vierseit", das mit dem bekannten 3-dimensionalen „unmöglichen Dreieck" korrespondiert.

Das unmögliche Dreieck ist eine zweidimensionale Figur, die nach bisherigen Erkenntnissen im 3-dimensionalen Raum nicht verwirklichbar ist. Entsprechend ist das unmögliche Vierseit eine dreidimensionale Figur, die im 4-dimensionalen Raum nicht realisierbar ist. Sie kann in 3-dimensionaler Form aus vier L-förmigen kongruenten Blöcken (Bild 59) konstruiert werden. Die endgültige Formation (rechts außen) erscheint wie ein fülliges, abschüssiges Vierseit, dessen „Kanten" aus vier verlängerten regelmäßigen sechsseitigen Prismen bestehen, die der äußeren Gestalt eines vierdimensionalen Kuboids gleichkommen. Jedoch kann zumindest einer dieser Kuboide nicht ohne Verzerrung, auch nicht im 4-dimensionalen Raum, verwirklicht werden.

Das unmögliche Dreieck veranlaßt zum Vergleich mit dem bekannten Möbiusschen Band.

Sein Entdecker, A. F. Möbius, war der erste, der ein Konzept vierdimensionaler Figuren vorgestellt hat.

Als Schläfli noch Kind war, stellte Möbius in einer kleineren Schrift die Behauptung auf, daß sich die rechte und die linke Hand im 4-dimensionalen Raum genau entsprechen würden.

Aufgrund dessen wird gelegentlich angenommen, daß vierdimensionale Figuren seitdem, also seit 1827, bekannt sind.

Kant hingegen entwickelte bereits kurze Zeit vorher seine Vorstellungen über multidimensionale Räume in verschiedenen Abhandlungen.

Gleich in seiner Dissertation betonte er die Notwendigkeit einer multidimensionalen Geometrie. Auch seine weit verbreitete Schrift ,,Prolegomena zu einer jeden künftigen Metaphysik" schließt eine Untersuchung über den Unterschied zwischen rechts und links ein.

Die uns dreidimensionalen Menschen Schwierigkeiten bereitende Philosophie Kants wäre für vierdimensionale Wesen nichts besonderes.

Kant wurde etwa zu der Zeit geboren, als Maraldi die Bedeutung des Winkels 109°28′ erkannte.

Ungefähr ein Jahrhundert vorher, Mitte des 17. Jahrhunderts erklärte J. Wallis, daß, wenn es jemals vierdimensionale Lebewesen gegeben hätte, diese ausgefallenere Erscheinungsbilder hätten abgeben müssen als Chimären oder Zentauren. Andererseits war sein Zeitgenosse H. More der Meinung, daß unser Geist die vierte Dimension besitzen müsse, und zwar unter dem Aspekt, daß Geist und Körper sich ohne weiteres durchdringen könnten.

Trotz More bezweifelte Leibniz, daß zwei 3-dimensionale Körper zwanglos sich durchdringen können, so wie zwei Schatten auf der 2-dimensionalen Ebene.

More, Zeitgenosse Keplers und Descartes', kam mit seiner Auffassung der Descartes', die den Dualismus von Leib und Seele betonte, recht nahe.

Der einsame Kepler, ignoriert von Descartes und Galilei, verletzt, sogar von More, wäre wahrscheinlich von einem 4-dimensionalen Raum ergriffen worden, wenn es zu seiner Zeit diesbezüglich ein klareres Konzept gegeben hätte. Denn er hatte bereits ein rhombisches Dodekaeder, die äußere Gestalt eines vierdimensionalen Hyperwürfels, entdeckt und bahnte sich den Weg zu einem Diamantgitter, dem Tor zum 4-dimensionalen Raum.

Chimäre

Ferner konnte er vom Standpunkt außerhalb des dreidimensionalen Universums aus gesehen öffentlich das Kopernikanische heliozentrische System verteidigen, obwohl man vor seiner Zeit, im Mittelalter, nicht das geringste unternehmen konnte, solange man in Gottes Ehren bleiben wollte.

Was Gott betrifft, so hatte der 4-dimensionale Raum eindeutig seinen Schatten hinterlassen.

Dante sagt in „Paradiso" der „Divina Commedia": Gott ist ohne jeden Vorbehalt allgegenwärtig. Er schafft sich viele Ebenbilder im Universum. Die Gesetze der Natur können im Himmel nicht aufrechterhalten werden. Von dort kann man alles in derselben Ordnung und Klarheit betrachten, unabhängig davon, wie weit es entfernt ist.

Die „Divina Commedia" ist eng mit der „drei" bei Aristoteles verbunden, der seinerseits Platos „vier" ständig widersprach.

Aber woher stammt Platos Affinität zu der Zahl „vier"? Sie könnte in der Pythagoreischen Tetraktys begründet liegen, die, betrachtet man sie aus 4-dimensionaler Perspektive, durch vier Kreise einen Körper, genauer gesagt eine Zelle repräsentiert. Das Universum ist 4-dimensional, auch wenn Einstein uns dies nicht gelehrt hätte.

Die alten Ägypter, die zwei bis drei Jahrtausende vor Pythagoras lebten, haben die vierte Dimension vielleicht ebenfalls gekannt.

Jedenfalls benutzen sie Kuboide – berichtet Ghyka –, die einen Bezug zu der goldenen Zahl 1,618 haben, für bedeutungsvolle Dinge.

Zu ihnen gehört der goldene Körper mit einem Verhältnis seiner Kantenlängen von $1 : 1{,}618 : 1{,}618^2$ (= 2,618); ihm war eine ausgesprochene Schönheit eigen und so fand er Platz in den Gemächern des Königs usw.

Teilt man ihn in vier Kuboide, so daß einer die Form eines Würfels annimmt, gestaltet sich einer der restlichen, der eine Kante mit dem Würfel gemeinsam hat, als goldener Körper.

Diese Eigenart findet eine Entsprechung im goldenen Rechteck.

Wie wir bereits gesehen haben, zeigt das goldene Rechteck einige außergewöhnliche und schöne Züge, die 3-dimensionale Personen sehr wohl als solche zu schätzen wissen, 2-dimensionale hingegen nicht. Dementsprechend könnten 4-dimensionale, nicht aber 3-dimensionale Wesen die Schönheit des goldenen Körpers würdigen.

Cornucopia

Das Modell eines goldenen Körpers ist für 3-dimensionale Menschen nicht so hübsch anzusehen wie sein Name verspricht; für 4-dimensionale Wesen wäre er allerdings derart bewundernswert, daß sie ihn gern zur Standardform einer vierdimensionalen Leinwand oder einer Postkarte machen würden (Bild 60, links), denn eine dreidimensionale Leinwand, eine dreidimensionale Postkarte usw. haben die Form eines goldenden Rechtecks.

Der Teil des Körpers, in dem eine gelbe Fledermaus zu sehen ist, bildet einen Würfel, derjenige mit einem rosafarbenen Hirsch einen goldenen Körper.

Der rechte Teil dieser Figur stellt zwei Kuboide als zwei Seiten eines vierdimensionalen Buches dar, dessen Kantenlängen sich zueinander verhalten wie $1 : \sqrt[3]{2} : \sqrt[3]{4}$.

Wie oft man einen solchen Kuboiden auch immer halbieren mag, das Kantenverhältnis der neuen Kuboide bleibt das gleiche. Dieses Merkmal ist in Analogie zu dem $\sqrt{2}$-Rechteck zu sehen, dessen Seitenlängen im Verhältnis $1 : \sqrt{2}$ zueinander stehen. Gleichgültig wie oft man eine Halbierung dieses Rechtecks wiederholen würde, die Seiten der daraus resultierenden Rechtecke stünden in gleichem Verhältnis zueinander wie die des ursprünglichen Rechtecks. Daher sind nach diesem Prinzip fast alle Buch-, Zeitungs- und verschiedene andere Papierformate genormt und tragen (in Deutschland) die Bezeichnung DIN A-, DIN B- und DIN C-Format.

In beiden Fällen erfüllen Origamis, japanische Kunstwerke aus gefaltetem Papier, die Funktion von Hyper-Hieroglyphen. Sie sind geeignet, vierdimensionale Buchstaben zu repräsentieren, da sie wie ein-seitige, vierdimensionale Merkmale darstellende Polyeder aussehen.

In Bild ❻❶ sind Origamis als ein vierdimensionaler Satz aufgeführt. Jedoch können sie als Hieroglyphen von 3-dimensionalen Menschen nicht gelesen werden, da wir als solche vierdimensionale Bildlandschaften nicht begreifen können. Wir sind sozusagen vierdimensional-blind.

Solche Origamis sind oft vor Mandales zu bewundern, die von japanischen Buddhisten – in Fortführung alter indischer Tradition – gewöhnlich für Repräsentanten multidimensionaler unergründlicher Ideen gehalten werden. Ein traditionelles „Kusudama" (Bild ❻❶, oberste Reihe, dritte Figur von links), das dem Fullerschen Cornucopia (Füllhorn) ähnelt, nimmt den gleichen Stellenwert ein wie die so sehr geheiligten Origamis. Vielleicht hat Japan aus dem 4-dimensionalen Raum eine Botschaft erhalten, ohne daß wir davon Kenntnis genommen haben.

In China gebrauchte man im zweiten oder dritten Jahrhundert v. Chr. das Wort „Yü-Chou", das sich aus den Bedeutungen Raum und Zeit zusammensetzt. Zudem waren zen-ähnliche Dialoge über das multidimensionale Universum weit verbreitet.

Chi

Ein Philosoph jener Zeit, Chuang-Tsu, sagt: „Chi", ein fiktives Tier mit nur einem Bein, sei neidisch auf einen Tausendfüßler, dem es möglich ist, sich mit so vielen Beinen fortzubewegen. Der Tausendfüßler beneidet eine Schlange, die ohne Füße auf einer ebenen Fläche kriechen kann. Die Schlange hegt Mißgunst gegenüber dem Wind, der frei im 3-dimensionalen Raum zu fliegen in der Lage ist. Der Wind beneidet ein Auge, das, ohne sich zu bewegen, viele Dinge zu sehen vermag. Und das Auge ist neidisch auf den Verstand, der, ohne zu gucken, alles verstehen kann.

Chuang-Tzu mag damit gemeint haben, daß „Chi" 0-dimensional, der Tausendfüßler 1-dimensional, die Schlange 2-dimensional, der Wind 3-dimensional, das Auge 4-dimensional und der Verstand 5-dimensional ist.

So seltsam es scheint, Plato hat, wie bereits erwähnt, in diesem alten chinesischen bzw. japanischen Gedankengut eindeutig seine Spuren hinterlassen.

Es geht das Gerücht, daß Plato die allererste Person gewesen sei, die intuitiv den 4-dimensionalen Raum begriffen habe. Denn in seinem bekannten Höhlengleichnis in „Politeia" verkündet er, daß der für uns reale 3-dimensionale Raum nur ein Schatten des 4-dimensionalen Raumes sei.

Er beschreibt eine dunkle Höhle mit einer flachen Wand, auf die durch Kerzenlicht zweidimensionale Schatten dreidimensionaler Objekte projiziert werden.

Neugeborene, die in dieser Höhle zur Welt gebracht werden und nichts anderes als die zweidimensionalen Schatten wahrnehmen können, werden in dem Glauben aufwachsen, auf flachem Land zu leben.

Sobald sie älter werden, wird einer von ihnen eines Tages versucht sein, die Höhle zu verlassen. Seine Freunde in der Höhle werden befürchten, daß er, wenn er hinausgeht und dem mysteriösen „dreidimensionalen" Raum ausgesetzt ist, den Verstand verlieren wird.

Trotzdem wird er den Drang verspüren, die Höhle zu verlassen, um die dreidimensionale Welt zu erleben.

Er wird auf der Stelle überwältigt sein von dem keineswegs zwei-, sondern dreidimensionalen Spektakel. Und er wird eilig in die Höhle zurückkehren, um seinen Freunden von der wunderbaren dreidimensionalen Welt zu berichten. Sie werden ihm jedoch nicht trauen, sondern Zurückhaltung üben und ihm einreden, daß er wahnsinnig geworden sei, da er wunderliche Dinge gesehen habe, nämlich die „dreidimensionale Welt".

Auf die gleiche Weise ist vielleicht diese dreidimensionale Welt auch nur ein Schatten der anderen, seltsamen, „vierdimensionalen Welt".

Nach „Timaios" stellte man sich damals die dreidimensionale Welt umgeben von dem Dodekaeder vor.

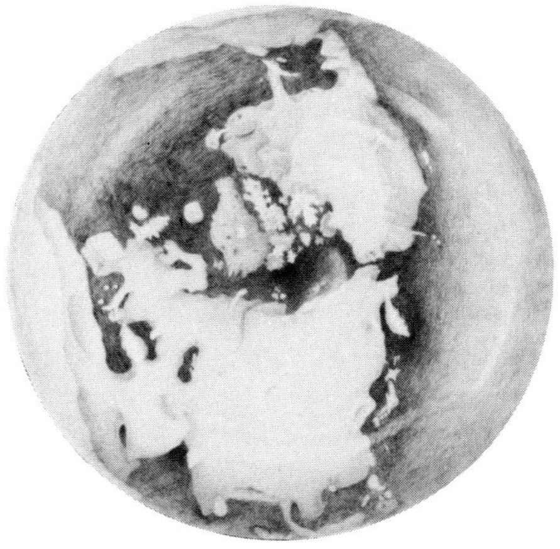

Vierdimensionaler Globus. Der 3-dimensionale Globus wird auf die 2-dimensionale Ebene projiziert, daß sich in einem Kreis verstreute, dünne Blätter als Kontinente oder Inseln ergeben, in Randnähe linear werdend. Ein vierdimensionaler Globus kann dann derart in einen 3-dimensionalen Raum projiziert werden, daß in einer Kugel verstreute dicke Früchte als vierdimensionale Kontinente oder Inseln erscheinen, nahe der Oberfläche eben werdend.

Wenn dem so ist, muß das gegenwärtige und zukünftige Universum – im vierdimensionalen Zeit-Raum schwebend – die Gestalt eines 120-zelligen Polytops haben.

In „Mysterium Cosmographicum" sagt Kepler, daß der Tierkreis nicht in 12, sondern in 120 Tierkreiszeichen aufgeteilt werden sollte, entsprechend dem kleinsten gemeinsamen Vielfachen der Zahlen 3, 4, 5, 6, 8, 12, 20 und 30 von denen jede irgendeine Beziehung zu Ecken, Kanten und Flächen der Platonischen Körper hat.

Auch das eigentliche Grundmuster der Fullerschen geodätischen Kuppeln ist ein kugelförmiger 120-Flächner, entsprechend der rechten Figur in Bild

Der 120-Zeller, der 120 dodekaedrische Zellen umfaßt, ist der Körper des kleinsten gemeinsamen Vielfachen dreier Interpretationen des Universums, des Platonischen, des Keplerschen und des Fullerschen Universums.

Darüberhinaus kann der 120-Zeller fünf weitere reguläre Polytope so einbeschreiben, daß sie in allen Ecken mit seinen eigenen zusammenfallen. Entsprechend kann ein Dodekaeder vier andere reguläre Polyeder so einbeschreiben, daß deren Ecken auf seine Kantenmitten bzw. Flächenmittelpunkte treffen.

Würde das zukünftige Universum explodieren, zerfiele es in 120 Platonische Kosmen (wie in Bild 62) und flöge fort in einen riesigen schwarzen Raum, leuchtend wie die Sterne im Bild 58 Es gibt keine 5- oder höher-dimensionalen sternförmigen regulären Polytope.

Alles endet im vierdimensionalen gigantischen schwarzen Raum.

Einsteins Gestaltung des Universums, repräsentiert durch die Gleichung $x^2 + y^2 + z^2 - u^2 = k^2$ und derart auf den 3-dimensionalen Raum projiziert, wie wenn ein Ellipsoid durch Bewegung sein Volumen von unten (Vergangenheit) zur Mitte (Gegenwart) nach oben (Zukunft) hin an einer u-Achse ändert. Eine Analogie zu dem durch Umdrehung einer Fläche (vgl. S. 56) entstandenen Hyperboloiden.

Literaturverzeichnis
(Eine Auswahl aus der Originalausgabe)

1) Abbott, E. A., "Flächenland. Ein mehrdimensionaler Raum, verfaßt von einem alten Quadrat", Klett-Cotta, 1982
2) Aristoteles, "Über den Himmel. Vom Werden und Vergehen", Schöningh, 1958
3) Baer, S., "Zome Primer", Zomeworks Co., 1970
4) Ball, W. W. R. and Coxeter, H. S. M., "Mathematical Recreations and Essays", University of Toronto Press, 1974
5) Barbaro, D., "La Pratica della Perspektiva", 1959
6) Barratt, K., "Logic and Design", George Godwin, 1980
7) Baston, V. J. D., "Some Properties of Polyhedra in Euclidean Space", Pergamon, 1965
8) Beard, C. R. S., "Patterns in Space", Creative Publication, 1973
9) Beck, A., Bleicher, M. N. and Crowe, D. W., "Excursions into Mathematics", Worth Publishers, 1969
10) Brisson, D. W., "Hypergraphics", Westview, 1978
11) Burt, M., "Spatial Arrangement and Polyhedra with Curved Surfaces and Their Architectural Applications", Technion, 1966
12) Chandler, D., Grünbaum, B. and Sherk, F. A., "The Geometrie Vein", Springer, 1981
13) Coxeter, H. S. M., "Introduction to Geometry", John Wiley & Sons, 1965
14) ______, "Twelve Geometric Essays", Southern Illinois U.P., 1968
15) ______, "Regular Polytopes", Dover, 1973
16) ______, "Regular Complex Polytopes", Cambridge U.P., 1974
17) Coxeter, H. S. M., Du Val, P., Flather, H. T. and Petrie, J. F., "The Fifty-Nine Icosahedra", Springer, 1982
18) Critchlow, K., "Order in Space", Thames and Hudson, 1969
19) ______, "Islamic Patterns", Thames and Hudson, 1976
20) Cundy, H. M. and Rollett, A. P., "Mathematical Models", Oxford U.P., 1961
21) Dürer, A., "Unterweisung der Messung", Verlag Walter Uhl, 1972
22) Ehrenfeucht, A., "The Cube Made Interesting", Pergamon Press, 1964
23) Fuller, R. B. and Marks, R., "The Dymaxion World of Buckminster Fuller", Southern Illinois U.P., 1960
24) Fuller, R. B., "Ideas and Integrities", Macmillan, 1963
25) ______, "Operating Manual for Spacehip Earth", Southern Illinois U.P., 1969
26) ______, "Synergetics", Macmillan, 1975
27) ______, "Synergetics 2", Macmillan, 1979
28) Gardner, M., "Unsere gespiegelte Welt", Ullstein, 1982
29) Gheorghiu, A. and Dragomir, V., "Geometry of Sructural Forms", Applied Science, 1978
30) Ghyka, M. C., "The Geometry of Art and Life", Dover, 1977
31) Grillo, P. J., "Form, Function & Design", Dover, 1960
32) Haeckel, E., "Art Forms in Nature", Dover, 1974

33) Hale, N. C., "Abstraction in Art and Nature", Watson-Guptill Pub., 1980
34) Heath, T. L., "A History of Greek Mathematics", Clarendon Press, 1921
35) Heninger, S. K., "The Cosmographical Grass", The Huntington Library, 1977
36) Hilbert, D. and Vossen, C., "Anschauliche Geometrie", Springer, 1932
37) Hinton, C. H., "The Fourth Dimension", Swan Sonnenschein, 1904
38) Holden, A., "Shapes, Space, and Symmetry", Columbia U.P., 1971
39) Joly, L., "Structure", Editions Idea Suisse, 1975
40) Kepes, G., "Module, Proportion, Symmetry, Rhythm", George Braziller, 1965
41) ———, "Structure in Art and in Science", George Braziller, 1965
42) Kepler, J., "Mysterium Cosmographicum", C. H. Beck, 1963
43) ———, "Harmonices Mundi", C. H. Beck, 1981
44) ———, "The Six-Cornered Snowflake", Oxford U.P., 1966
45) Koestler, A., "The Watershed", Doubleday, 1960.
46) Lalvani, H., "Transpolyhedra", Lalvani, 1977
47) Loeb, A. L., "Space Structures", Addison-Wesley, 1976
48) Lysternick, L. A., "Convex Figures and Polyhedra", Dover, 1963
49) Macgillavry, C. H., "Fantasy & Symmetry", Abrams, 1965
50) Manning, H. P., "Geometry of Four Dimensions", Dover, 1914
51) ———, "The Fourth Dimension Simply Explained", Dover, 1960
52) Munari, B., "Il Quadrato", 1960, "Il Cerchio", 1964
53) Pacioli, L., "De Divina Proportione" Bunryu Reprint, 1973
54) Pauling, L. und Hayward, R., "Die Architektur der Moleküle", Neckar-V., 1969
55) Pearce, P., "Structure in Nature Is a Strategy for Design", The MIT Press, 1978
56) Pearce, P. and Pearce, S., "Polyhedra Primer", Van Nostrand Reinhold, 1978
57) Plato, "Der Staat", Kröner, 1982
58) ———, "Timaios", Rowohlt
59) Popko, E., "Geodesics", University of Detroit Press, 1968
60) Pugh, A., "Polyhedra", University of California, 1976
61) ———, "An Introduction to Tensegrity", University of California, 1976
62) Schattschneider, D. and Walker, W., "M. C. Escher Kaleidocycles", Ballantine Books, 1977
63) Senechal, M. and Fleck, G., "Patterns of Symmetry", University of Massachusetts, 1977
64) Slothouber, J. and Graatsma, W., "Cubics", The Cubic Constructions Center, 1970
65) Snyder, R., "Buckminster Fuller", St. Martin's Press, 1980
66) Steinhaus, H., "Kaleidoskop der Mathematik", Deutscher Verlag der Wissenschaften, 1959

67) Stevens, P. S., "Patterns in Nature", Little Brown & Co., 1974
68) ———, "Handbook of Regular Patterns", The MIT Press, 1980
69) Stewart, B. M., "Adventures among the Toroids", Stewart, 1970
70) Thompson, D. A. W., "Growth and Form", Cambridge U.P., 1968
71) Tóth, L. F., "Reguläre Figuren", Verlag der Ungarischen Akademie der Wissenschaften 1965
72) Wachman, A., Burt, M. and Kleinmann, M., "Infinite Polyhedra", Technion, 1974
73) Wells, A. F., "Three Dimensional Nets and Polyhedra", John Wiley & Sons, 1977
74) Wenninger, M. J., "Polyhedron Models for the Classroom", N.C.T.M. Publication, 1966
75) ———, "Polyhedron Models", Cambridge U.P., 1971
76) ———, "Spherical Models", Cambridge U.P., 1979
77) Weyl, H., "Symmetrie", Birkhäuser 1981
78) Williams, R., "Natural Structure", Eudaemon Press, 1972
79) Wolf, K. L. and Wolff, R., "Symmetrie", Böhlau 1956
80) Wong, W., "Principles of Two-Dimensional Design", Van Nostrand Reinhold, 1972
81) ———, "Principles of Three-Dimensional Design", Van Nostrand Reinhold, 1977
82) Wood, D. G., "Space Enclosure Systems", The Ohio State University, 1973
83) Wulff, J., "Structure", John Wiley & Sons, 1964
84) Yale, P. B., "Geometry and Symmetry", Holden-Day, 1968
85) Zalgaller, V. A., "Convex Polyhedra with Regular Faces", Consultants Bureau, 1969

VIEWEG

H. L. Resnikoff und R. O. Wells, Jr.

Mathematik im Wandel der Kulturen

Aus dem. Engl. von R. Schwarze Wells. 1983. VII, 338 S. 17 X 24,5 cm. Gbd.

Inhalt: Einleitung – Mathematik im Altertum (Zahlensysteme und die Erfindung des Stellenwertsystems – Ägyptische Arithmetik – Babylonische Algebra – Griechische Trigonometrie: Die Einführung von Ungleichungen und die Flächenmessung) – Die Reifezeit des Denkens (Navigation – Kartographie – Die Erfindung der Logarithmen – Die Algebraisierung der Geometrie) – Der Aufstieg der geometrischen Analysis (Infinitesimalrechnung – Berechnung von Funktionswerten – Differentialgeometrie – Weltmodelle) – Mathematik im 20. Jahrhundert – Tafeln – Sachverzeichnis.

Die Absicht dieses Buches ist, den Leser mit der Mathematik bekannt zu machen, indem ihm mathematische Leistungen und deren Einfluß auf Wissenschaft und Gesellschaft im Laufe der Jahrhunderte – vom Altertum bis zur Neuzeit – vorgeführt werden. Die Autoren konzentrieren sich auf zwei Themen: Die Fähigkeit zu rechnen und die geometrische Beschaffenheit des Raumes. Der erste Teil des Buches beschäftigt sich mit drei antiken Kulturen: Den Babyloniern, den Ägyptern und den Griechen. Z.B. wird das Stellenwertsystem der Babylonier oder die Abschätzung des Mondradius durch den griechischen Mathematiker Aristarchos beschrieben. Der zweite Teil behandelt den Einfluß der Mathematik auf Probleme der Navigation und der Kartographie. Außerdem wird die Erfindung der Logarithmen, ein unentbehrliches Hilfsmittel der Astronomen des 15. und 16. Jahrhunderts, herausgestellt. Der dritte Teil zeigt die Bedeutung der Entwicklung der Infinitesimalrechnung durch Newton und führt den Leser bis zur Einsteinschen Relativitätstheorie. In einem Anhang wird ein Einblick in die Mathematik des 20. Jahrhunderts gegeben.

VIEWEG

Mathematicals

Elwyn R. Berlekamp,
John H. Conway und
Richard K. Guy
Gewinnen · Strategien für mathematische Spiele
Band 1: Von der Pike auf. Aus dem Engl. von G. Seiffert. 1984. Ca. 260 S. 18,5 X 24,5 cm. Br.

John H. Conway
Über Zahlen und Spiele
Aus dem Engl. von B. Kunisch. 1983. VII, 205 S. 16,2 X 22,9 cm. Br.

Ross Honsberger
Gitter — Reste — Würfel
91 mathematische Probleme mit Lösungen. Aus dem Engl. von J. Schwaiger. 1984. X, 250 S. mit 106 Abb. 14,8 X 21 cm. Br.

Mathematische Juwelen
Aus dem Engl. von J. Schwaiger. 1982. VIII, 168 S. mit 147 Abb. 14,8 X 21 cm. Br.

Mathematische Edelsteine
der elementaren Kombinatorik, Zahlentheorie und Geometrie. Aus dem Engl. von J. Schwaiger. 1981. IX, 179 S. mit 117 Abb. 14,8 X 21 cm. Br.

Martin Gardner
Mathemagische Tricks
Aus dem Engl. von B. Kunisch. 1981. X, 166 S. mit 87 Abb. 14,8 X 21 cm. Br.

Mathematisches Labyrinth
Neue Probleme für die Knobelgemeinde. Aus dem Engl. von R. Heersink und B. Kunisch. 1979. VI, 255 S. mit 180 Abb. 16,2 X 22,9 cm. Br.

Mathematische Rätsel und Probleme
Aus dem Engl. von P. P. Weidhaas. 5. Aufl. 1980. VII, 158 S. mit 89 Abb. Vorwort von R. Sprague. 14,8 X 21 cm. Br.

Mathematische Knobeleien
Aus dem Engl. von E. Bubser. 3. Aufl. 1984. VIII, 204 S. mit 128 Abb. 16,2 X 22,9 cm. Br.

Logik unterm Galgen
Ein Mathematical in 20 Problemen. Aus dem Engl. von C. Karrenbauer. 2. Aufl. 1980. VI, 227 S. mit 125 Abb. 14,8 X 21 cm. Br.

Patrick Hughes und George Brecht
Die Scheinwelt des Parodoxons
Eine kommentierte Anthologie in Wort und Bild. Aus dem Engl. von E. Bubser. 1978. VII, 120 S. mit zahlr. Abb. 14 X 22 cm. Gbd.

C. Stanley Ogilvy
Mathematische Leckerbissen
Über 150 noch ungelöste Probleme. Aus dem Amerik. von E. Bubser. 2. Aufl. 1980. IV, 111 S. 14,8 X 21 cm. Br.

Unterhaltsame Geometrie
Aus dem Engl. von K. Wigand. 2., durchges. Aufl. 1979. VI, 110 S. mit 132 Abb. 16,2 X 22,9 cm. Br.

Raymond M. Smullyan
Buch ohne Titel
Eine Sammlung von Paradoxa und Lebensrätseln. Aus dem Engl. von W. Begemeier. 1983. VIII, 134 S. 14 X 22 cm. Gbd.

Wie heißt dieses Buch?
Eine unterhaltsame Sammlung logischer Rätsel. Aus dem Engl. von Th. Brandt. 1981. VI, 187 S. 14 X 22 cm. Gbd.

Titel der japanischen Originalausgabe: かたちと空間・多次元世界の軌跡
© 1983 by Asakura Publishing Company, Ltd., Tokyo
Nach dem englischen Manuskript übersetzt von Beate Babbel, Göttingen

Alle Rechte an der deutschen Ausgabe vorbehalten
© Friedr. Vieweg & Sohn Verlagsgesellschaft mbH, Braunschweig 1987

Das Werk einschließlich aller seiner Teile ist urheberrechtlich geschützt. Jede Verwertung außerhalb der engen Grenzen des Urheberrechtsgesetzes ist ohne Zustimmung des Verlags unzulässig und strafbar. Das gilt insbesondere für Vervielfältigungen, Übersetzungen, Mikroverfilmungen und die Einspeicherung und Verarbeitung in elektronischen Systemen.

Printed in Japan

ISBN 3-528-08590-8